"十三五"职业教育国家规划教材

烹饪专业及餐饮运营服务系列教材
中等职业教育餐饮类专业核心课程教材

MAKING HOT DISHES

热菜制作

（第2版）

主　编　朱海刚

副主编　苏月才　蒋廷杰　秦　嵩

旅游教育出版社

·北京·

图书在版编目（CIP）数据

热菜制作 / 朱海刚主编. -- 2版. -- 北京：旅游
教育出版社，2022.1（2023.4）
烹饪专业及餐饮运营服务系列教材
ISBN 978-7-5637-4342-1

Ⅰ．①热… Ⅱ．①朱… Ⅲ．①中式菜肴－烹饪－中等
专业学校－教材 Ⅳ．①TS972.117

中国版本图书馆CIP数据核字(2021)第244625号

"十三五"职业教育国家规划教材

烹饪专业及餐饮运营服务系列教材

热菜制作（第2版）

主编　朱海刚

副主编　苏月才　蒋廷杰　秦嵩

策　划	景晓莉
责任编辑	景晓莉
出版单位	旅游教育出版社
地　址	北京市朝阳区定福庄南里1号
邮　编	100024
发行电话	（010）65778403　65728372　65767462（传真）
本社网址	www.tepcb.com
E - mail	tepfx@163.com
排版单位	北京旅教文化传播有限公司
印刷单位	北京市泰锐印刷有限责任公司
经销单位	新华书店
开　本	787毫米 × 1092毫米　1/16
印　张	7.5
字　数	83千字
版　次	2022年1月第2版
印　次	2023年4月第2次印刷
定　价	32.00元

（图书如有装订差错请与发行部联系）

烹饪专业及餐饮运营服务系列教材
中等职业教育餐饮类 / 高星级酒店管理专业
核心课程教材

《冷菜制作与艺术拼盘》（第2版）
"十三五"职业教育国家规划教材
配教学微视频
ISBN 978-7-5637-4340-7

《热菜制作》（第2版）
"十三五"职业教育国家规划教材
配教学微视频
ISBN 978-7-5637-4342-1

《西餐制作》（第2版）
"十三五"职业教育国家规划教材
教育部·中等职业教育改革创新示范教材
配教学微视频
ISBN 978-7-5637-4337-7

《食品雕刻》（第2版）
"十三五"职业教育国家规划教材
配教学微视频
ISBN 978-7-5637-4339-1

《西式面点制作》（第2版）
"十三五"职业教育国家规划教材
教育部·中等职业教育改革创新示范教材
国家新闻出版署"2020年农家书屋重点出版物"
配教学微视频
ISBN 978-7-5637-4338-4

《中式面点制作》（第2版）
国家新闻出版署"2020年农家书屋重点出版物"
配教学微视频
ISBN 978-7-5637-4341-4

《酒水服务》（第2版）
"十三五"职业教育国家规划教材
配教学微视频
ISBN 978-7-5637-4357-5

《西餐原料与营养》（第4版）
"十三五"职业教育国家规划教材
配题库
ISBN 978-7-5637-4358-2

目录

第一篇 热菜常用烹调方法

第二篇　甜菜的烹调方法

第 2 版 出版说明

《热菜制作》是在 2008 年首版《热菜制作教与学》基础上改版而来，自出版以来，连续加印、不断再版。2020 年，改版后的《热菜制作》入选"十三五"职业教育国家规划教材。

为满足中等职业教育餐饮类专业人才的培养需求，贯彻落实《职业教育提质培优行动计划（2020—2023 年）》和《职业院校教材管理办法》精神，我们对《热菜制作》进行了修订。此次修订，主要根据中餐岗位实操需要，选择典型工作任务拍摄制作了 6 个教学微视频，内容涉及炒、炸、爆、熘、贴、扒 6 种中餐热菜烹调方法及代表菜的制作。通过观看教学微视频，能够更直观地把教学重难点讲解到位，提高学生对专业知识的理解能力和动手能力，以便学生全面系统地掌握中餐热菜的制作要领。

概括起来，第 2 版教材主要按以下要求修订：

（一）以马克思列宁主义、毛泽东思想、邓小平理论、"三个代表"重要思想、科学发展观、习近平新时代中国特色社会主义思想为指导，有机融入中华优秀传统文化、革命传统、法治意识和国家安全、民族团结以及生态文明教育，弘扬劳动光荣、技能宝贵、创造伟大的时代风尚，弘扬精益求精的专业精神、职业精神、工匠精神和劳模精神，努力构建中国特色、融通中外的概念范畴、理论范式和话语体系，防范错误政治观点和思潮的影响，引导学生树立正确的世界观、人生观和价值观，努力成为德智体美劳全面发展的社会主义建设者和接班人。

（二）内容科学先进、针对性强，公共基础课程教材要体现学科特点，突出职业教育特色。专业课程教材要充分反映产业发展最新进展，对接科技发展趋势和市场需求，及时吸收比较成熟的新技术、新工艺、新规范等。

（三）符合技术技能人才成长规律和学生认知特点，对接国际先进职业教育理念，适应人才培养模式创新和优化课程体系的需要，专业课程教材突出理论和实践相统一，强调实践性。适应项目学习、案例学习、模块化学习等不同学习方式要求，注重以真实生产项目、典型工作任务、案例等为载体组织教学单元。

（四）编排科学合理、梯度明晰，图文并茂，生动活泼，形式新颖。名称、名词、术语等符合国家有关技术质量标准和规范。

（五）符合知识产权保护等国家法律、行政法规，不得有民族、地域、性别、职业、年龄歧视等内容，不得有商业广告或变相商业广告。

《热菜制作》是中等职业教育餐饮类专业核心课程教材，教材秉承做学一体能力养成的课改精神，适应项目学习、模块化学习等不同学习要求，注重以真实生产项目、典型工作任务等为载体组织教学单元。

教材以"篇"布局，围绕中餐热菜常用烹调方法和甜菜烹调方法，介绍了炒、炸、爆、熘、烹、煎、贴、塌、煮、烧、扒、拔丝、蜜汁等26种烹调方法及44道代表菜的制作过程。每道菜品按知识要点、准备原料、技能训练、拓展空间、温馨提示五部分展开写作。知识要点部分，主要介绍基础知识和必备工具；准备原料部分，罗列了完成每一道菜品所需的主辅料；技能训练部分，按操作流程进行讲解，分步骤阐述技能操作的先后顺次、标准及要点；拓展空间部分，为满足学生个性化需求准备了小技能或小知识；温馨提示部分，总结了为降低学习成本而建议采用的替换原料及其他注意事项。

教材配有彩图赏析、公共服务领域餐饮英文译写规范、中文菜名英文译法等二维码教学资源。通过配套教学资源的逐步完善，我们力求为学生提供多层次、全方位的立体学习环境，使学习者的学习不再受空间和时间的限制，从而推进传统教学模式向主动式、协作式、开放式的新型高效教学模式转变。

本教材既可作为中职院校学生的专业核心课教材，也可作为岗位培训教材。

旅游教育出版社

2022 年 1 月

第1版 出版说明

2005年，全国职教工作会议后，我国职业教育处在了办学模式与教学模式转型的历史时期。规模迅速扩大、办学质量亟待提高成为职业教育教学改革和发展的重要命题。

站在历史起跑线上，我们开展了烹饪专业及餐饮运营服务相关课程的开发研究工作，并先后形成了烹饪专业创新教学书系以及由中国旅游协会旅游教育分会组织编写的餐饮服务相关课程教材。

上述教材体系问世以来，得到职业教育学院校、烹饪专业院校和社会培训学校的一致好评，连续加印、不断再版。2018年，经与教材编写组协商，在原有版本基础上，我们对各套教材进行了全面完善和整合。

上述教材体系的建设为"烹饪专业及餐饮运营服务系列教材"的创新整合奠定了坚实的基础，中西餐制作及与之相关的酒水服务、餐饮运营逐步实现了与整个产业链和复合型人才培养模式的紧密对接。整合后的教材将引导读者从服务的角度审视菜品制作，用烹饪基础知识武装餐饮运营及服务人员头脑，并初步建立起菜品制作与餐饮服务、餐饮运营相互补充的知识体系，引导读者用发展的眼光、互联互通的思维看待自己所从事的职业。

首批出版的"烹饪专业及餐饮运营服务系列教材"主要有《热菜制作》《冷菜制作与艺术拼盘》《食品雕刻》《中式面点制作》《西式面点制作》《西餐制作》《西餐烹饪英语》《西餐原料与营养》《酒水服务》共9个品种，以后还将陆续开发餐饮业成本控制、餐饮运营等品种。

　　为便于老师教学和学生学习，本套教材同步开发了数字教学资源。

旅游教育出版社

2019.1

第一篇

热菜常用烹调方法

模块 1
认识热菜常用设备与工具

01
常用设备

（1）液化石油气灶：是以液化石油气为燃料烹煮饭菜的器具。液化石油气灶燃烧值大、效率高，能充分利用热能，节省能源，火力易控制，引头方便，但使用成本较高。

（2）三门蒸柜：是以水蒸气为传热介质，将烹饪原料蒸熟的一种设备。

● 液化石油气灶

● 三门蒸柜

02
常用工具

（1）铁锅：炊事用具，主要以熟铁制成。由于其传热快、体薄而轻、不易破碎，适合用旺火烹调。有双耳式、单柄式两种。

（2）手勺：用于盛舀食物、加放调味品或拌炒锅中的菜肴以及将做好的菜肴出锅装盘。一般用铁、不锈钢制成。

（3）漏勺：用来沥油、沥水及从油锅或水锅中捞出原料。一般用铁、不锈钢制成。

（4）网筛：用来滤去汤和液体调味品中的杂质，由铜丝、不锈钢丝制成。

（5）油缸：用于盛放调味用油，有不锈钢、陶瓷、黏土之分。

（6）调味盒：用于盛放各种调味品，有不锈钢、陶瓷、黏土等不同材质。

（7）配菜碗：用于盛装切配好的荤菜原料。有不锈钢、陶瓷、黏土之分。

（8）装菜碟：用于装放切配好的素菜原料或烹制成熟的菜肴，多是陶瓷器皿。

（9）砧板：将食品原料放在砧板面上，用刀具将原料切成符合烹制要求的形状。有木制、竹制和塑料等多种材质。

（10）刷子：用于清洗炒锅的用具，有竹制、不锈钢丝、丝瓜瓤等多种材质。

（11）文武刀：刀身略宽，长短适中，应用范围较广，既能用于将原料加工成片、条、丝、丁、块，又能用于加工略带碎小骨、质地稍硬的原料，应用较为普遍。

（12）铁钩：用于从油锅或汤锅中捞出食品。

（13）长木筷：用于从油锅中夹出炸制的食品。

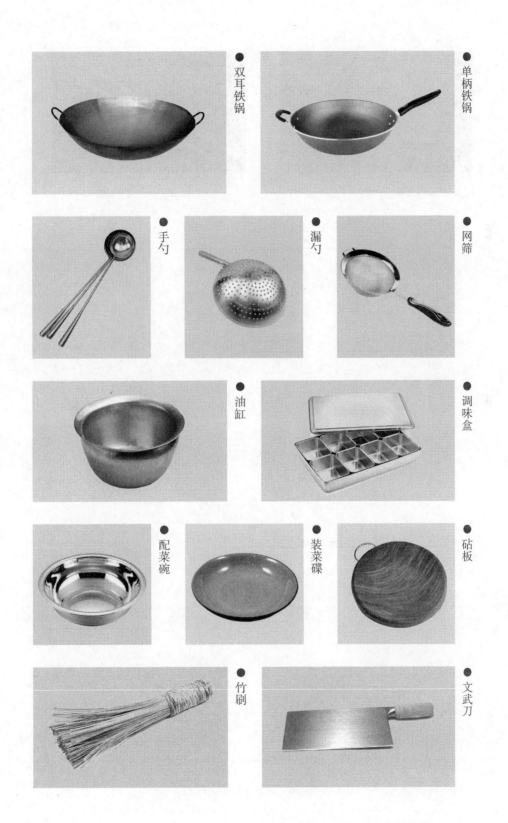

双耳铁锅

单柄铁锅

手勺

漏勺

网筛

油缸

调味盒

配菜碗

装菜碟

砧板

竹刷

文武刀

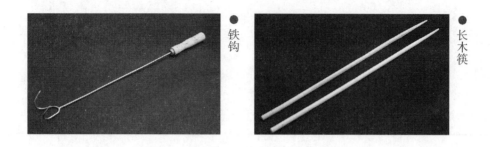

● 铁钩

● 长木筷

模块 2
炒

◆ 知识要点 ◆

1. 炒：是以油与金属为主要导热体，将小型原料用中旺火在较短时间内加热成熟，加入调料翻炒均匀成菜的一种烹调方法。

2. 炒的种类：

（1）煸炒：也称生炒，指原料不上浆，直接加入热油于锅内，加上调味料翻炒至原料成熟的一种烹调方法。

（2）滑炒：把经过精细刀工处理的或自然形态的小型原料，放入油温为 90~120℃的温油锅中加热成熟，再拌入调味料炒匀的一种烹调方法。

（3）软炒：将液体或蓉状原料倒入热油锅内，进行推炒成熟的一种烹调方法。

（4）熟炒：指原料经预热成熟、加工成型后再炒制的一种烹调方法。

（5）干炒：也称干煸，指少放油先煸干原料内的水分，再进行炒制的一种烹调方法。

3. 烹调常用刀工：烹调常用刀工包括直刀法、平刀法、斜刀法，其他刀法以及混合刀法等。下面主要介绍直刀法和平刀法。

（1）直刀法：是指刀刃与砧板面或原料接触面呈直角切制食品原料的一种刀法，包含切、剁、砍。

（2）平刀法：是指刀面与砧板面接近平行切制食品原料的一种刀法。

4. 切的种类：切分为直切、推切、拉切、锯切、铡切以及滚切等。下面主要介绍直切、推切、拉切、锯切。

（1）直切：左手按稳原料，右手持刀，一刀一刀笔直地切下去，一般用于切制脆性原料，如切土豆。

（2）推切：刀刃垂直向下，由里向外推切下去，着力点在刀后端，一刀推到底不再拉回来。一般用于切制质地较松散、用直刀容易切散的原料，如熟鸡蛋等。

（3）拉切：刀刃垂直向下，由外向里拉（实际上是虚推实拉），刀的着力点在前端。适于切制韧性较强的原料，如海带等。

（4）锯切：又叫推拉切，是推切和拉切刀法的结合。先将刀向前推，然后再向后拉，这样一推一拉，像是拉锯一样地切下去。适于切制较厚无骨而有韧性的原料和质地松软的原料，如涮羊肉的肉片。

5. 过油：俗称走油，是指将经过加工整理成型的原料投入热油锅内加热，使其成为成品或半成品的熟处理方法。

（1）滑油：又叫划油或拉油，指把加工成小型的烹饪原料上浆后投入温油锅内加热，使之成为半成品的一种初步熟处理方法。

（2）走油：又称跑油、油炸，指把加工成型的原料投入大量的热油锅中加热，使之成为半成品的一种熟处理方法。

（3）尾油：是菜肴成熟勾芡后，淋上少许油，使菜肴更明亮。

（4）滑锅：是指将干净炒锅烧热，放入冷油然后倒出，再对原料进行熟处理的一种方法，这样原料就不容易粘在炒锅上。

6. 平刀法的种类：

（1）推刀批：左手按稳原料，右手执刀，放平刀身，使刀面与砧板面接近平行，然后由里向外将刀刃推入原料。

（2）拉刀批：左手按稳原料，右手执刀，放平刀身，使刀面与砧板面接近平行，刀刃批（片）进原料后不是向外推，而是向里拉进去。

● 推刀批

● 拉刀批

7. 勾芡：是在菜肴接近成熟时，将调制好的淀粉汁淋入锅内，使汤汁稠浓、增加汤汁对原料附着力的一种技术。

8. 识别油温：烹饪上用"成"表示油温的高低，一成表示 30℃，如三成油热表示油温为 90℃。

9. 抛锅：也称翻炒。左手拿锅向外推出，而后向里拉回，使原料在锅内翻身。

10. 常用工具：炒制菜品时，常用到片刀、砧板、配菜碗、碟、调味盒、手勺、漏勺等工具。

01

滑炒 银芽鸡丝

◀ 烹调方法 ▶

本道菜用滑炒的烹调方法来制作。滑炒，就是把经过精细刀工处理的或自然形态的小型原料，放入油温为 90~120℃的温油锅中加热成熟，再拌入调味料炒匀的一种烹调方法。

◀ 准备原料 ▶

主料 ∣ 鸡胸肉 200 克，绿豆芽 300 克

辅料 ∣ 鸡蛋清 1 个，青椒、红椒各 10 克，姜 5 克，生粉 10 克，油 250 克

调料 ∣ 精盐 5 克，味精 3 克，白糖 1 克

◀ 技能训练 ▶

1. 将鸡胸肉、绿豆芽、青椒、红椒、姜整理洗净。

2. 用直刀法中的推切、拉切手法，将鸡胸肉切成长 10 厘米、直径 0.2 厘米的丝，依次放入盐、鸡精、蛋清、生粉水搅拌上劲，再放油拌匀备用。

3. 将绿豆芽择去两头，将青椒、红椒、姜切成细丝备用。

4. 炒锅上火，油烧至三成热，下豆芽滑炒至断生，捞出备用。

5. 炒锅上火烧热，用油滑锅，再放油烧至四五成热时投入鸡肉丝滑熟，倒出，锅内留余油。

6. 下青椒、红椒、姜丝、绿豆芽、盐、鸡精、汤，快速翻炒 8~10 秒，倒入鸡肉丝，勾芡翻匀淋上尾油即可装盘。

◀ 拓展空间 ▶

可用此法滑炒肉丝、虾仁、鱼丝、牛肉丝。

1. 注意观察老师示范时的手法及投放调味品的顺序与标准。

2. 可用土豆、白萝卜反复练习用直刀法切丝。

3. 可用 4~8 个白萝卜重点练习推切、拉切的刀法。

4. 选择新鲜的鸡胸肉，将原料按要求切成长 6 厘米、直径 0.2 厘米的细丝。

5. 勾芡时要注意把握水量，2 克淀粉中一般加入 5~8 克水。

02
煸炒 醋炒土豆丝

◆ 烹调方法 ▶

本道菜用煸炒的烹调方法来制作。煸炒，也称生炒，指原料不上浆，直接入热油锅内，加上调味料翻炒至原料成熟的一种烹调方法。

◆ 准备原料 ▶

主料 | 土豆 400 克，青椒 50 克，红椒 50 克

辅料 | 葱 5 克，姜 5 克，淀粉 5 克，油 20 克

调料 | 精盐 3 克，味精 3 克，白糖 1 克，醋 10 克

1. 将土豆去皮，葱、姜、青椒、红椒整理洗净。

2. 用直刀法将土豆切成长 8 厘米、直径 0.1 厘米的丝，泡入冷水中，避免土豆丝与空气接触氧化变黑。将葱、姜切成细丝，将青、红椒切成土豆丝般大小。

3. 锅中烧水，水温 100℃时放入土豆丝，焯水 20 秒后取出待用。

4. 炒锅上火，放油烧至四成热时，下葱丝、姜丝、土豆丝、青红椒丝急速翻炒，放入醋、盐、味精、白糖，用大火快速翻炒 10~15 秒至土豆丝成熟时，勾少许薄芡淋尾油即可。

◀ 拓展空间 ▶

可用此法炒莴笋丝、豆芽、三丝。

◀ 温馨提示 ▶

1. 投放调味品时一定要先放醋后放盐，否则会影响脆性。

2. 多用直刀法练习切青椒丝、萝卜丝。

3. 掌握好调味品的投放标准。

4. 切出的土豆丝应长短一致、粗细均匀。

03
软炒 大良炒牛奶

◀ 烹调方法 ▶

本道菜用软炒的烹调方法来制作。软炒，是将液体或蓉状原料倒入热油锅内，进行推炒成熟的一种烹调方法。

主料 | 鲜牛奶 250 克，鸡肝 25 克，蟹肉 25 克，腌虾仁 50 克，
炸榄仁 25 克，火腿 15 克

辅料 | 蛋清 250 克，干淀粉 20 克，熟猪油 50 克

调料 | 味精 1/3 茶匙，精盐 1/2 茶匙

◆ 技能训练 ◆

1. 将火腿和鸡肝切成 0.2 厘米大小的粒，焯水至成熟。

2. 将虾仁用小苏打水泡 30 分钟，捞出，用流动的小流量水漂洗 30 分钟，再将虾仁滑油至成熟备用。

3. 将鸡蛋打散，过细筛备用。

4. 将牛奶与干淀粉调匀，与精盐、味精、蛋清、鸡肝、虾仁、蟹肉、火腿拌匀。

5. 起锅，放入牛奶混合物，小火炒至凝固状，装盘堆成山形，撒上炸榄仁即可。

◆ 拓展空间 ◆

可用此法制作软炒鸡片。

温馨提示

注意掌握火候，放入牛奶混合物后，要用小火炒至凝固状。

04
熟炒 回锅肉

烹调方法

本道菜用熟炒的烹调方法来制作。熟炒，是指原料经预热成熟、加工成型后，再行炒制的一种烹调方法。

准备原料

主料 | 带皮五花肉 500 克，蒜薹 100 克，青、红椒各 50 克

辅料 | 姜、葱、蒜各 5 克，干辣椒 10 克，大豆油 20 克

调料 | 豆瓣酱 10 克，生抽 3 克，蚝油 3 克，盐 1 克，白糖 5 克，辣椒油 10 克，味精 2 克，番茄酱 5 克

技能训练

1. 将带皮五花肉冷水下锅煮 40 分钟左右，自然放凉备用。

2. 将五花肉切成长 6 厘米、宽 3 厘米、厚 0.2 厘米的薄片待用。

3. 将蒜薹、干辣椒切段，青、红椒切片待用。

4. 将姜、葱、蒜切成炒菜料头，将豆瓣酱剁碎后待用。

5. 锅中下油，将猪肉放入成灯盏状后取出。锅中留油，放入炒菜料头、干辣椒、豆瓣酱、番茄酱，炒香后加入青红椒、猪肉，调味炒香后放辣椒油即可出锅装饰装盘。

◀ 拓展空间 ▶

可用此法熟炒肚片、熟炒腊肉、熟炒香肠。

◀ 温馨提示 ▶

1. 一定要将豆瓣酱炒出红油后再投入猪肉。

2. 猪肉要炒至凹状时才能放入调味品。调味时先不放盐，因为豆瓣酱较咸。

3. 多进行基本功练习，可用土豆、白萝卜反复练习直刀切片法，然后再将片切成丝。

4. 切片时，肉片的大小、厚薄要均匀。

05
干炒 干煸牛肉丝

◀ 烹调方法 ▶

本道菜用干炒的烹调方法来制作。干炒，也称干煸，是指放少许油，先煸干原料内部的水分，再进行炒制的一种烹调方法。

主料 | 牛肉 400 克

辅料 | 青、红椒各 20 克，芹菜 50 克，姜 5 克，葱、蒜各 5 克，白芝麻 5 克，油适量

调料 | 盐 3 克，味精 2 克，蚝油 3 克，生抽 3 克，辣椒油 20 克，白糖 2 克，豆瓣酱 5 克

◀ 技能训练 ▶

1. 将牛肉，青、红椒，姜、葱、蒜洗净待用。

2. 先用平刀法将牛肉片成 0.2 毫米的片，再用直刀法将其切成直径 0.2 毫米、长 8 厘米的丝，冲水后待用。

3. 将青椒、红椒、芹菜、姜、葱、蒜切丝待用。

4. 锅中下油，油温四成热时，将牛肉丝倒入滑散，加温炸，油温六成热时脱离火位，将牛肉浸炸制酱红色待用。

5. 锅中留油，将姜、葱、豆瓣酱炒香，放入牛肉丝、盐、味精、生抽、蚝油、辣椒油、青红椒丝、芹菜丝，大火炒香后撒上白芝麻即可出锅装饰装盘。

◄ 拓展空间 ►

可用此法制作五香牛肉丝、干煸猪肉丝。

◄ 温馨提示 ►

1. 要控制好炒制牛肉的时间，可多次浸炸。可通过"干炒豆角""干炒四季豆"来练习炒制手法。

2. 用直刀法切出的牛肉丝要长短、粗细一致。

3. 为节约成本，可反复用面团来练习切丝。

4. 调味料的投放顺序为生抽、蚝油、盐、味精、白糖。

模块 3
炸

1. 炸：是用大量食用油作为传热介质，用旺火加热使原料成熟的一种烹调方法。

2. 炸的种类：

（1）清炸：将主料用调味品腌制后，不挂糊或拍粉，直接用旺火热油炸制的一种烹调方法。

（2）干炸：先用调味料腌制主料，再拍干淀粉或挂糊，然后投入油锅中，用旺火炸制的一种烹调方法。

（3）软炸：用调味品腌制主料后，挂上用蛋液、面粉等制成的糊，再用旺火热油炸制，最后复炸的一种烹调方法。

（4）酥炸：把鲜嫩的原料挂上酥炸糊，放入热油锅内炸至成熟，成品表层酥松、内部鲜嫩或酥嫩的一种烹调方法。

（5）香炸：将原料加工成片、条、球等形状，用调味品腌制，蘸上干面粉，拖蛋液，再蘸上面包渣（核桃仁／芝麻／瓜子仁等）后，用旺火热油炸制成熟的一种烹调方法。

（6）卷包炸：将原料加工成碎小形，经调味品腌制后，用豆腐皮、蛋皮或猪网油等原料卷成各种形状，或外表挂上一层糊，然后用旺火热油炸制成热的一种烹调方法。

（7）油淋：将主料先用调味品腌制后，再将主料置于漏勺上，用手勺反复淋入热油，使原料成热的一种烹调方法。

（8）松炸：先将软嫩无骨的原料加工成片、条或块状，经调味并挂上蛋泡糊，用中火温油炸至热透的一种烹调方法。

3. 挂糊、上浆、拍粉：挂糊、上浆、拍粉，是在经过加工处理的原料的表面挂上一层有黏性的糊浆或拍上干粉，然后采取不同的加热方法，使制成的菜肴酥脆、酥松、松软、滑嫩的一项技术措施。

◆ 挂糊、上浆、拍粉技术的区别

（1）挂糊较厚，多与炸、熘、煎、贴等烹调方法同用。

（2）上浆较薄，多与炒、爆等烹调方法同用。

（3）拍粉多在上浆的基础上滚上干粉，多与炸等烹调方法同用。

◆ 挂糊、上浆的主要原料

挂糊、上浆的主要原料有鸡蛋（蛋清、蛋黄或全蛋）、淀粉、面粉、米粉、小苏打、发酵粉、面包粉、核桃粉、瓜子仁粉及芝麻等。

4. 蛋泡糊：蛋泡糊是将蛋清用筷子或蛋刷搅打，把空气打入蛋清内，使蛋清发大，再加淀粉拌匀。

5. 混合刀法：也称剞，有雕之意。剞刀是采用几种切和片的技法，将原料表面划上深而不透的各种横竖纹路，经过烹调后，可使原料卷曲成各种形状。它是直刀法和斜刀法两者混合使用的一种刀法。

6. 剁（斩）：剁（斩）有排剁、直剁之分，常用于将原料斩成蓉、泥或剁成末的一种方法。直剁是左手抓住原料，右手将刀对准要剁的部位用力直剁下去。排剁是两手持刀，交替用力，从左到右再从右到左反复排剁。

7. 砍：是将刀对准原料要砍的部位用力向下直砍，常用于切制带骨原料。

8. 常用工具：炸制热菜常用到文武刀、砧板、配菜碗、碟、调味盒、灶具、手勺、漏勺、筷子等工具。

06
清炸 清炸鹌鹑

◀ **烹调方法** ▶

  本道菜用清炸的烹调方法来制作。清炸，是将主料用调味品腌制后，不挂糊或拍粉，直接用旺火热油炸制的一种烹调方法。

◀ **准备原料** ▶

  主料 | 鹌鹑两只

  辅料 | 姜、葱各5克，洋葱5克，香菜5克，油100克

  调料 | 盐5克，味精3克，白糖1克，料酒10克，生抽10克，
     蚝油5克

◀ **技能训练** ▶

  1.将鹌鹑洗净沥干水分待用。

2.将葱、姜、洋葱、香菜加入料酒榨汁，加入盐、味精、白糖、生抽、蚝油腌制 1 小时待用。

3.炒锅上火，放油烧至五六成熟时，下鹌鹑炸至成熟，随即捞出，待油温升至六七成热时，用油淋炸至表皮酥脆、色泽红亮，秒捞出放入盘中，盘边放上椒盐。

◆ 拓展空间 ▶

可用此法做清炸鱼条、清炸猪里脊、清炸鸡块。

◆ 温馨提示 ▶

1.掌握好油温，控制在四五成热。

2.掌握好鹌鹑的成熟时间，一般为 3 分钟左右。

3.腌制鹌鹑的时间要够，以保证入味。可根据各地口味习惯增减盐的用量。

4.可通过多练习炸薯条、炸鱼条，来掌握油温和制品成熟时间。

07
干炸 干炸里脊

烹调方法

本道菜用干炸的烹调方法来制作。干炸，是指先用调味料腌制主料，再拍干生粉或挂糊，然后将主料投入油锅中，用旺火炸制的一种烹调方法。

准备原料

主料｜猪里脊肉 250 克

辅料｜鸡蛋黄 1 个，生菜 250 克，青、红辣椒丁 5 克，姜末 5 克，葱末各 5 克，椒盐适量，生粉 100 克，油 750 克

调料｜盐 5 克，味精 1 克，料酒 10 克，椒盐 2 克

技能训练

1. 将猪肉洗净，切成长 8 厘米、宽 3 厘米、厚 0.3 厘米的长片。

2. 放入盐、料酒、味精腌制 3~5 分钟。

3. 给肉块均匀拍裹生粉。

4. 炒锅上火，放油烧至六成热。

5. 将猪肉逐片入锅，用中火炸 1~1.5 分钟至外表发硬、浅黄色时捞出。

6. 等油温再升至七成热时，将猪肉块复炸一次约 5~10 秒至金黄色，出锅装盘，撒上椒盐即可。

拓展空间

可用此法制作干炸鱼排、干炸鸡排、干炸牛排。

温馨提示

1. 给肉块拍淀粉后要放置 1~1.5 分钟后再下油锅，不然会粘连。

2. 要控制好炸制时间，时间过短炸不熟，时间过长肉质不脆嫩。

3. 一般 750 克油实际耗用量为 75 克，余下的油经过滤后可继续使用。

4. 继续用面团练习切丝。

08
软炸 软炸鱼条

◀ **烹调方法** ▶

　　本道菜用软炸的烹调方法来制作。软炸，是用调味品腌制主料后，挂上用蛋液、面粉等制成的糊，再用旺火热油炸制，最后复炸的一种烹调方法。

◀ **准备原料** ▶

　　主料 | 无骨鱼肉（草鱼）150 克，鸡蛋液 50 克

　　辅料 | 面粉 25 克，葱 2 克，姜 2 克，淀粉 25 克，油 1000 克

　　调料 | 盐 4 克，味精 1 克，胡椒粉 1 克，料酒 5 克，椒盐 2 克

◀技能训练▶

1. 将草鱼进行出肉加工：顺着草鱼胸鳍处下刀，将鱼头切断；再贴着鱼的主脊骨用平刀法推切至鱼尾，片下草鱼一侧整块鱼肉；再按此法片下草鱼另一侧鱼肉；最后用平刀法片去草鱼两排胸骨，切制出两条无骨鱼肉。

2. 将鱼肉洗净，切成 8 厘米长、直径 0.5 厘米的均匀条状。

3. 放入盐、胡椒粉、味精、料酒、葱、姜、水拌匀腌制 3~5 分钟。

4. 将鸡蛋液、面粉、10 克油、干淀粉调制成糊。

5. 将糊与腌好的鱼条拌匀上浆备用。

6. 炒锅上火，放油烧至五六成热时，将鱼条逐个放入油锅内，炸至浅黄时捞出。

7. 等油温再升高至七成热时，再放入鱼条复炸 10 秒即可。

8. 捞出鱼条，撒上椒盐装盘即可。

◀拓展空间▶

可用此法制作软炸虾条、软炸猪肉条、软炸鸡脯条。

◀温馨提示▶

1. 观察用推拉切的刀法切鱼条，保证鱼条粗细均匀。

2. 练习切猪瘦肉条，同时练习上浆手法。

3. 掌握好混合糊的稠度，稀了，黏性不够，挂不够，影响外形；稠了，黏性太强，会影响口感。

4. 必须逐个放入鱼条，以免粘连。

09

酥炸 香酥鸭子

◆ **烹调方法** ◆

　　本道菜用酥炸的烹调方法来制作。酥炸，是把鲜嫩的原料挂上酥炸糊，放入热油锅内炸至成熟，成品表层酥松、内部鲜嫩或酥嫩的一种烹调方法。

◆ **准备原料** ◆

　　主料｜光鸭一只 1000 克

　　辅料｜葱 10 克，姜 10 克，油 1500 克

　　调料｜料酒 10 克，盐 5 克，花椒 2 克，丁香 0.5 克，山奈 0.5 克，
　　　　　　大料 1 克，豆蔻 0.5 克

◆ **技能训练** ◆

　　1. 将光鸭洗净，葱、姜整理洗净，姜拍松。

　　2. 在鸭子内外抹上盐，放入盆内，加入葱、姜、花椒、大料、料酒、

豆蔻、丁香、山柰，上笼用大火蒸 50~60 分钟至熟烂，取出晾干水分。

3. 炒锅上火，放油烧至六七成热，将鸭子放入锅内，炸 3~5 分钟，至色金黄、皮肉酥香，即捞出沥油。

4. 将成品斩成长 6 厘米、宽 3 厘米的长形件装盘。

◀ 拓展空间 ▶

可用此法制作香酥鸡、香酥鸽子。

◀ 温馨提示 ▶

1. 可根据各地饮食习惯合理掌握口味的轻重。一般而言，北方地区口味偏重，装盘后还可跟配椒盐、番茄少司。

2. 多运用剁的刀法进行斩件练习，斩件要整齐。

3. 要选择老嫩适度的鸭子，太老，肉质较硬；太嫩，水分和油脂太多，影响成型。

10
香炸 沙拉牛肉

烹调方法

本道菜用香炸的烹调方法来制作。香炸，是将原料加工成片、条、球等形状，用调味品腌制，蘸上干面粉，拖蛋液，再蘸上面包渣（核桃仁 / 芝麻 / 瓜子仁等）后，用旺火热油炸制成熟的一种烹调方法。

准备原料

主料｜牛柳 300 克

辅料｜面包糠 100 克，洋葱 1 个，鸡蛋 50 克，生菜 50 克，
姜、葱各 5 克，香菜 5 克，淀粉 30 克，油 750 克

调料｜盐 2 克，味精 1 克，料酒 5 克，沙拉酱 20 克

技能训练

1. 将牛柳洗净，切成长 6 厘米、宽 4 厘米、厚 0.3 厘米的厚片。

2. 放洋葱、姜、葱、香菜、盐、料酒、味精腌制 20 分钟。

3. 牛柳片中加入鸡蛋、干淀粉，拌匀后拍裹面包糠，压实。

4. 炒锅上火，放油烧至五六成热。

5. 将牛柳逐片入锅，用中火炸 1~1.5 分钟至外表发硬成浅黄色时捞出。

6. 等油温再升至六七成热时，将牛柳片复炸一次约 7~10 秒至金黄色，出锅装盘。用挤袋挤上沙拉酱，跟生菜叶一同食用即可。

拓展空间

可用此法制作芝麻鱼排、珍珠虾排、珍珠虾球。

温馨提示

1. 一定要尽可能多地给牛柳裹上面包糠并按实，以确保口感酥松。

2. 多练习批肉类，如猪肉、鱼肉、鸡肉等。

3.可用白萝卜练习批薄片手法。

4.牛柳较嫩，故被较多选用。

5.食用前可配上椒盐、番茄少司、沙拉酱，由客人选用。

11
卷包炸 香酥蟹肉卷

◀ 烹调方法 ▶

本道菜用卷包炸的烹调方法来制作。卷包炸，是将原料加工成碎小形，经调味品腌制后，用豆腐皮、蛋皮或猪网油等原料卷成各种形状，或外表挂上一层糊，然后用旺火热油炸成热的一种烹调方法。

◀ 准备原料 ▶

主料 | 蟹柳 200 克，肥猪肉 300 克

辅料 | 面包糠 100 克，鸡蛋 50 克，淀粉 20 克

调料 | 白糖 100 克，料酒 50 克

1.将肥猪肉用平刀法片成厚0.2厘米、长6厘米、宽4厘米的薄片待用。

2.提前三天，将切好的肥肉片用白糖、料酒腌制待用。

3.鸡蛋中加入淀粉调制成全蛋糊待用。

4.将一片肥猪肉平铺在砧板上，放入一根蟹柳，卷好，蘸全蛋糊，再粘上面包糠即可。一份做 10~12 个。

5.炒锅上火，放油烧至五六成热，下蟹肉卷炸 3~5 分钟至表面微黄色。

6.捞出滤油，斜刀切后装盘即可。

◂ 拓展空间 ▸

1.可用此法制作网油腰肝卷、腐皮葱花肉。

2.制作腐皮葱花肉的主要原料是薄豆腐皮 200 克、葱花 100 克、猪瘦肉 100 克等。

◂ 温馨提示 ▸

1.仔细观察老师的包卷手法，注意一定要用力往里拉紧。

2.要控制好油温和炸制时间，否则易炸焦或炸不熟。

3.用白纸反复练习包卷。

4.用白萝卜、猪瘦肉练习切丝。

5.腌制猪肥肉的时间一定要够，便于解油腻。

12

油淋 油淋鸡

◂ 烹调方法 ▸

本道菜用油淋的烹调方法来制作。油淋，是将主料先用调味品腌制后，再将主料置于漏勺上，用手勺反复淋入热油，使原料成热的一种烹调方法。

◀ 准备原料 ▶

主料 | 光鸡 1 只 750 克

辅料 | 姜末 10 克，姜 5 克，葱末 10 克，葱 5 克，油 1000 克

调料 | 盐 4 克，生抽 20 克，香醋 10 克，白糖 20 克，花椒 2 克，味精 1 克，料酒 10 克，香油 10 克

◀ 技能训练 ▶

1. 将光鸡洗净、去爪，用刀尖在肉厚的部位扎几个孔，用 3 克盐、料酒、姜、花椒、葱段腌制 30 分钟入味。

2. 将姜末、盐等其他配料混合调成汁，备用。

3. 炒锅上火，放油烧至五六成热。

4. 将腌制好的鸡放入漏勺，用手勺舀油反复淋鸡 8~10 分钟至鸡色泽红亮。

5. 将熟鸡沥油 2 分钟。

6. 将熟鸡斩成长 6 厘米、宽 3 厘米的件装盘。

7. 浇上汁即可。

可用此法制作油淋鹌鹑、油淋鸽子、油泼豆芽。

◀ 温馨提示 ▶

1. 油淋鸡需要一定的臂力，平时可做些增加臂力的运动，如举哑铃等。

2. 油淋前，应将腌制鸡的调料去除干净，以保证鸡受热均匀。

3. 用白萝卜练习斩件，要求规格是长 6 厘米、宽 3 厘米、厚 1 厘米。

4. 可用鹌鹑练习油淋方法，熟悉制作过程。

5. 腌制时调料要放全、放够。

6. 一定要控制好油温，否则既费时又影响品质。

13
松炸 凤尾虾

◀ 烹调方法 ▶

本道菜用松炸的烹调方法来制作。松炸，是指先将软嫩无骨的原料加工成片、条或块状，经调味并挂上蛋泡糊，用中火温油炸至热透的一种烹调方法。

◀ 准备原料 ▶

主料 | 海虾 12 只 300 克

辅料 | 鸡蛋 4 个，淀粉 20 克，油 1000 克

调料 | 盐 4 克，料酒 5 克，味精 2 克，葱姜汁 3 克，胡椒盐 0.5 克，椒盐 2 克

◆ 技能训练 ◆

1. 将海虾去头、去皮，将尾部的壳留下，去掉虾线。

2. 用刀在虾背上片至 4/5 深度，放入盐、料酒等调料拌匀腌制 5 分钟。

3. 将鸡蛋清取出打发成蛋泡，加入淀粉搅成蛋泡糊。

4. 锅上火，放油烧至三四成热。

5. 逐个将海虾拖上蛋泡糊（尾部不拖），入油锅炸 2~3 分钟即成熟，捞出。

6. 将油温加热至五六成热，复炸 8~10 秒钟，色泽金黄时捞出，沥油。

7. 装盘撒上椒盐即可。

◆ 拓展空间 ◆

可用此法制作松炸鱼条、松炸口蘑、松炸虾球。

◆ 温馨提示 ◆

1. 片虾肉时要控制好力度，不能片断。

2. 打蛋糊时需要较强的腕力，一般需要持续打发 5~6 分钟，平时可多进行乒乓球等项目的练习，以增强腕力。

3. 蛋清经打发起泡后再加入淀粉，并一定要搅匀。

4. 宜选择个头均匀的海虾。

5. 可用蛋泡糊炸制。观看炸制成品的颜色变化，以练习控制油温。

模块 4
爆

◆ 知识要点 ▶

1. 爆：是将脆韧的动物性原料经刀工处理后，投入五六成热的油锅中或沸水、沸汤中，用旺火快速加热拌炒成熟的烹调方法。

2. 爆的种类：

（1）油爆：是指用大火中量热油快速使丝状、片状等小型原料成熟的一种烹调方法。

（2）蒜爆：同"油爆"，只是蒜的用量大。

3. 斜刀法：

（1）斜刀法，是刀身以倾斜的角度片进原料中的一种刀法。有斜刀批、反刀批。

（2）斜刀批，是左手指按稳原料左端，右手持刀，刀面呈倾斜状，批（片）原料时刀背高于刀口，使刀刃从原料表面靠近左手的部位向左下方运动，斜着批（片）入原料。

（3）反刀批，是刀背向里，刀刃向外，利用刀刃的前半部分切制原料。切制时，刀身微斜，刀吃进原料后由里向外运动。

4. 汁芡：也称碗芡，指先将一些调味料如盐、味精、生抽、酒、淀粉等放入碗内调匀，在菜肴即将成熟时迅速加入锅内翻炒成菜而用。

5.常用工具：爆制食品时，常用到片刀、砧板、配菜碗、碟、调味盒、灶具、手勺、漏勺等工具。

14
油爆 **油爆猪肚**

◀ **烹调方法** ▶

　　本道菜用油爆的烹调方法来制作。油爆，是指用大火中量热油快速使丝状、片状等小型原料成熟的一种烹调方法。

◀ **准备原料** ▶

　　主料 | 猪肚头 500 克
　　辅料 | 鸡汤 50 克，葱 5 克，姜 5 克，淀粉 10 克，油 1000 克
　　调料 | 盐 3 克，味精 1 克，料酒 3 克，食碱 5 克

◀ **技能训练** ▶

　　1.将猪肚头切开，削去脂肪，洗净，在猪肚外面剞上十字花刀，再改

切成长 5 厘米、宽 2 厘米的长方块。

2. 碗内放水，加入食碱溶化，放入猪肚原料浸渍 15 分钟。

3. 将葱切段，姜切片，用盐、鸡汤、料酒、味精、淀粉调成汁芡备用。

4. 将猪肚原料用清水漂洗两次沥干水分，然后用沸水烫 8 秒捞出。

5. 炒锅上火，放油烧至六七成热，把猪肚头倒入油锅炒 7 秒即倒出。

6. 锅内留余油，下葱、姜，倒入猪肚头，随即烹入汁芡，翻炒均匀。

◆ 拓展空间 ◆

1. 可用此法制作油爆胗花、油爆双脆、油爆鲜鱿筒。

2. 制作油爆双脆的主要原料是猪肚头 150 克、鸭胗 150 克等。

◆ 温馨提示 ◆

1. 在猪肚头上打剞刀时要力求深浅一致。

2. 多练习调制汁芡，尤其要把握好淀粉的用量。

3. 一定要掌握好油爆的油温和时间，否则，会导致猪肚表面过熟而不嫩。

4. 可用黄瓜练习剞刀方法。

15
蒜爆 蒜爆腰花

◆ 烹调方法 ◆

本道菜用蒜爆的烹调方法来制作。蒜爆，同"油爆"，只是蒜的用量偏大。

◀ 准备原料 ▶

主料▕ 猪腰 500 克，蒜薹 100 克

辅料▕ 绿辣椒、红辣椒各 10 克，大葱 50 克，姜片 10 克，蒜片 10 克，
生粉 10 克

调料▕ 生抽 5 克，盐 4 克，味精 2 克，蚝油 5 克，料酒 10 克，白糖
3 克

◀ 技能训练 ▶

1. 将蒜薹切成 5 厘米的段，红绿辣椒，大葱洗净，切小段待用。

2. 将猪腰洗净，用平刀法一分为二对半切开，用斜刀法将腰臊切除，
从猪腰内侧下刀，剞上荔枝花刀，再根据猪腰大小切成 3~5 片，冲水后
待用。

3. 碗中加入少许水、盐、味精、料酒、生粉、生抽、蚝油、白糖，制
成碗芡待用。锅中放油，油温至六七成热时放入猪腰爆 10 秒左右至成熟
捞出控油，再下蒜薹，油爆 3 秒捞出控油备用。

4. 用锅中余油将蒜片、蒜薹、红绿辣椒爆香后放入猪腰翻炒，最后勾
碗芡翻炒均匀，淋尾油即可装盘。

◀ 拓展空间 ▶

可用此法制作蒜爆肚尖、蒜爆鲜鱼卷。

◀ 温馨提示 ▶

1. 一定要将猪腰的内膜片除干净，否则，腰臊味会很难闻，无法入口。

2. 油温要够，要爆成熟，防止猪腰翻生出血。

3. 可将黄瓜去瓤，进行剞刀法练习。

模块 5

熘

1. 熘：是把调制成的汁浇淋在成熟的原料上，或将成熟的原料投入卤汁中搅拌成菜的一种烹调方法。

2. 熘菜的种类：

（1）脆熘：是将炸熟的脆性原料浇上卤汁成菜的一种烹调方法。

（2）滑熘：是先将主料上浆后划油，再入炒锅拌芡汁成熟的一种烹调方法。

（3）软熘：是将质地软嫩的原料用汽蒸、用水煮或用水余熟，再浇上芡汁而成菜的一种烹调方法。

（4）糟熘：糟熘的方法同滑溜，所不同的是它是用香糟汁作主要调味品的。

3. 原料的初步熟处理：原料的初步熟处理，是指把经过初步加工的原料放在水锅、油锅或红锅中进行初步加热，促其成为半熟或刚熟的状态，以备正式烹调之用。方法有焯水、过油、走红、汽蒸等。

4. 焯水：俗称水锅、出水，是指把经过初步加工的原料放入水锅中加热至熟或半熟的状态，随即取出以备进一步切配成型或正式烹调之用。

5. 原料的出肉加工：又称去骨或剔骨，是根据烹调要求，将动物性原料骨骼从肌肉组织上分离出来。

6. 鱼的出肉加工：宰杀完鱼后，将鱼头后的肉割断，用刀沿鱼背脊骨切至鱼尾将鱼肉取出，并用同样方法取出两侧鱼肉。

7. 香糟卤：是指将酒糟 500 克、黄酒 2000 克、白糖 250 克、精盐 150 克、桂花 40 克混合后过滤出的汁液。

8. 常用工具：制作熘制菜品时经常用到片刀、砧板、配菜碗、汤盆、碟、调味盒、灶具、手勺、漏勺等工具。

16
脆熘 糖醋菊花鱼

◀ 烹调方法 ▶

本道菜用脆熘的烹调方法来制作。脆熘，是将炸熟的脆性原料浇上卤汁成菜的一种烹调方法。

◀ 准备原料 ▶

主料 | 草鱼 1 条 650 克，取净鱼肉 250 克

辅料 | 葱片 5 克，淀粉 110 克，油 1000 克

调料 | 盐 1 克，料酒 5 克，白糖 150 克，白醋 50 克，番茄酱 50 克

◆ 技能训练 ◆

1. 将草鱼进行出肉加工：顺着草鱼胸鳍处下刀，将鱼头切断；再贴着鱼的主脊骨用平刀法推切至鱼尾，片下草鱼一侧整块鱼肉；再按此法片下草鱼另一侧鱼肉；最后用平刀法片去草鱼两排胸骨，切制出两条无骨鱼肉。

2. 用剞刀法将鱼肉剞成菊花状，再改切成长 4 厘米、宽 3 厘米的块状。

3. 将鱼块用水漂洗沥干水分，放盐、料酒、淀粉拌匀，再拍上淀粉。

4. 用白糖、白醋、盐、番茄酱、葱片、淀粉兑成糖醋汁。

5. 炒锅上火，放油烧至五成热，将鱼块逐个下油锅炸至浅黄色，捞出。

6. 待油温再升高至六成热，复炸鱼块 10 秒至金黄色捞出，沥油，装盘。

7. 锅里留少许油，倒入糖醋汁加热成稠状，再淋上尾油。

8. 将糖醋汁浇淋在炸好的鱼上即可。

◆ 拓展空间 ◆

可用此法制作糖醋排骨、咕噜肉、酥衣蛋。

◆ 温馨提示 ◆

1. 注意观察老师剞刀时的手法，剞刀的深度应控制在鱼肉的 4/5 处。

2. 用黄瓜、白萝卜进行剞刀法的练习。

3. 可用猪肉练习剞刀，练完后再切丝。

4. 菊花鱼的花丝以长为美，长 6 厘米、直径 0.3 厘米效果最好。

5. 调制糖醋汁时要甜酸适度，根据各地习惯增减糖或醋的用量。

17
滑熘 滑熘里脊片

◂ 烹调方法 ▸

本道菜用滑熘的烹调方法来制作。滑熘，是指先将主料上浆后划油，再入炒锅拌芡汁成熟的一种烹调方法。

◂ 准备原料 ▸

主料 │ 猪里脊肉 150 克，冬笋 100 克

辅料 │ 清汤 50 克，鸡蛋清 20 克，葱姜汁 10 克，葱 5 克，姜片 5 克，淀粉 10 克，油 750 克

调料 │ 盐 3 克，味精 1 克，料酒 5 克

◂ 技能训练 ▸

1. 将猪里脊肉切成长 6 厘米、宽 3 厘米、厚 0.2 厘米的薄片，用清水漂净血水，沥干水分，加入盐、味精、鸡蛋清、水淀粉拌匀，再加入葱姜汁拌匀备用。

2. 将冬笋切成肉片大小的薄片，用开水焯一下，再放冷水冲凉。

3. 用盐、味精、清汤、淀粉、料酒兑成卤汁。

4. 炒锅上火烧热，用油滑锅，放油烧至三四成热，下肉片滑油 7~10 秒后倒出，沥油。

5. 锅内留余油烧热，下葱、姜片炒香，放入冬笋片、肉片，再倒入卤汁，翻炒均匀即可。

◀ 拓展空间 ▶

可用此法制作滑熘鱼片、滑熘鸡片。

◀ 温馨提示 ▶

1. 注意掌握好划油的时间。

2. 用平刀法练习片生姜片。

3. 用面团练习切片、切丝。

4. 注意控制卤汁中的水量，以确保汁液浓稠适中。

5. 猪肉上浆时以肉片外有一层白霜为宜。

18
软熘 水浸鲜鱼

烹调方法

本道菜用软熘的烹调方法来制作。软熘，是将质地软嫩的原料用汽蒸、用水煮，或用水余熟，再浇上芡汁而成菜的一种烹调方法。

准备原料

主料 | 草鱼 1 条 700 克

辅料 | 葱丝 5 克，姜丝 5 克，姜片 5 克，香菜 5 克，红彩椒丝 5 克，小葱 2 根，淀粉 10 克，油 25 克

调料 | 盐 5 克，味精 2 克，料酒 10 克，生抽 20 克

技能训练

1.宰杀草鱼，去鳃、内脏、黑衣并洗净，把葱、姜整理洗净，拍松姜。

2.把草鱼开膛，顺着主脊骨两侧用刀尖划两刀，使脊骨与肋骨分离。将鱼头、鱼尾各砍两刀，使整条鱼能平铺。

3.炒锅上火，放水，投入打成结的葱、姜片、料酒，烧沸。

4.将草鱼平铺放入锅中，使水能完全淹没鱼身，待水再开时，盖上锅盖，将锅端离火源，浸鱼 10 分钟左右，取出装盘。

5.给鱼身上撒上葱丝、姜丝、红彩椒丝，淋八成热油，再撒上香菜，最后沿盘边淋入生抽即可。

拓展空间

可用此法制作西湖醋鱼、醋熘鱼块。

温馨提示

1.观看老师宰杀鱼的全过程，特别是如何取内脏，要去净黑衣，不能弄破苦胆。

2. 加强调制芡汁的练习，注意把握口味咸淡。

3. 浸鱼时，用水量以没过鱼为度。

4. 筷子能轻松扦入鱼肉最厚的部位，是检验鱼肉成熟的好办法。

5. 整鱼装盘时，先用左手握住盘子伸入水里，用筷子插入鱼头后部，轻轻地将鱼拖入盘中。

19
糟熘 糟熘鱼片

◖ **烹调方法** ◗

本道菜用糟熘的烹调方法来制作。糟熘的方法同滑溜，所不同的是它是用香糟汁作主要调味品的。

◖ **准备原料** ◗

主料 | 净鱼肉 400 克

辅料 | 香糟卤 25 克，鸡蛋清 1 个，蒜泥 5 克，葱 5 克，姜末 5 克，鸡清汤 25 克，淀粉 10 克，熟猪油 500 克

调料 | 盐 3 克，料酒 5 克

技能训练

1. 将鱼肉用斜刀法片成 5 厘米长、3 厘米宽、0.3 厘米厚的片，放入碗内。将盐 1.5 克、鸡蛋清、淀粉拌匀后给鱼上浆。

2. 将香糟卤、鸡清汤、料酒、盐、蒜泥、淀粉调成汁。

3. 炒锅上火烧热，用油滑锅，放油烧至三四成热时，下鱼片滑油 7~10 秒倒出。

4. 炒锅留余油，放葱、姜末，倒入调味汁搅拌，然后倒入鱼片颠锅翻炒，出锅时给鱼片淋上猪油即可。

拓展空间

可用此法制作糟熘三白、糟熘鸡片。

糟熘三白的原料有鸡脯肉 100 克、净冬笋 100 克、胶白或白豆腐皮 100 克等。

温馨提示

1. 注意观看老师示范片鱼片和上浆的手法。

2. 用白萝卜、黄瓜练习正刀批。

3. 用猪瘦肉进行斜刀法的练习。

4. 课外多练习炒锅颠翻的手法。

5. 给鱼片上浆时以鱼片上有一层白霜为宜。

6. 滑油的时间不能太长，否则，鱼肉肉质会变老。

模块 6

烹

◆ 知识要点 ◆

1. 烹：是将炸、煎、蒸或炒熟后的原料，用调味汁急速拌炒的一种烹调方法。

2. 烹菜的种类：

（1）炸烹：是将炸熟后的原料用调味汁急速拌炒的一种烹调方法。

（2）煎烹：是将煎熟后的原料用调味汁急速拌炒的一种烹饪方法。

（3）蒸烹：是将蒸熟后的原料用调味汁急速拌炒的一种烹调方法。

（4）炒烹：是将炒熟后的原料用调味汁急速拌炒的一种烹调方法。

3. 清汁：是盐、生抽、味精、水等混合的一种汁液。

4. 常用工具：烹制菜品的常用工具有片刀、砧板、配菜碗、碟、调味盒、灶具、手勺、漏勺等。

20

炸烹 黄豆烹牛脯

◆ 烹调方法 ◆

本道菜用炸烹的烹调方法来制作。炸烹，是指将炸熟后的原料用调味汁急速拌炒的一种烹调方法。

◆ 准备原料 ◆

主料 | 牛腩 600 克，炸黄豆 20 克

辅料 | 青、红尖椒各 10 克，葱段 10 克，姜片 10 克，麻油 10 克，
油 750 克

调料 | 盐 4 克，生抽 5 克，辣酱油 20 克，白糖 10 克，味精 1 克，
料酒 10 克

◆ 技能训练 ◆

1. 将牛腩洗净，斩成 2 厘米见方的块状，加入葱段、姜片、盐、生抽，
用高压锅压 15 分钟。

2. 将料酒、辣酱油、白糖、味精、盐放入小碗中兑好汁。

3. 炒锅上火，放油烧到五成热，加入牛腩炸 50 秒，色至淡黄时捞出。

4. 待油温升至六成热时，复炸 10 秒，至牛腩表皮稍脆时倒出。

5. 锅内留余油，放入麻油，略煸葱段，再投入牛腩，烹入兑好的汁，
迅速颠锅，放入黄豆翻炒，淋尾油出锅即可。

可用此法制作炸烹虾段、炸烹里脊丝。

▸ 温馨提示 ◂

1. 注意把握两次炸牛腩过程中牛腩颜色深浅的变化。

2. 用面团进行切块练习。

3. 可用炸花生米练习掌握油温。

4. 掌握两次炸制的油温,第一次五成热炸 50 秒,第二次六成热炸

10 秒。

21
煎烹 煎烹带鱼

▸ 烹调方法 ◂

本道菜用煎烹的烹调方法来制作。煎烹,是指将煎熟后的原料用调味

汁急速拌炒的一种烹调方法。

▸ 准备原料 ◂

主料 | 净带鱼 400 克

辅料 | 大葱葱丝 5 克,姜丝 5 克,蒜泥 5 克,红椒丝 5 克,青紫苏叶
　　　适量,炒香的白芝麻 2 克,油适量

调料 | 盐 3 克、味精 1 克、生油 10 克、料酒 10 克、白糖 5 克、白醋
　　　2 克

技能训练

1. 将带鱼切成长 6 厘米的段，加入料酒、盐、姜丝腌制 5 分钟。

2. 用盐、味精、生抽、白糖、白醋调制味汁。

3. 炒锅上火烧热，用油滑锅，避免粘锅，再放油用中火下带鱼，煎至两面微黄，倒入漏勺中沥油。

4. 锅内留余油，放入葱丝、姜丝、蒜泥煸出香味后烹入味汁，倒入带鱼，大火烹烧 3 分钟左右收浓味汁，再撒上炒香的白芝麻，出锅。

5. 将煎烹好的带鱼摆放在青紫苏叶上，最后点缀大葱葱丝和红椒丝即可。

拓展空间

可用此法制作烹猪肉片、烹牛肉片。

温馨提示

1. 煎制带鱼时要用中火，待鱼肉缩紧色泽微黄后可翻面，以保证鱼块完整。

2. 给带鱼切段应保证长短一致。

3. 基本功练习：抛锅。

22

炒烹 炒豆芽

◀ 烹调方法 ▶

本道菜用炒烹的烹调方法来制作。炒烹，是指将炒熟后的原料用调味汁急速拌炒的一种烹调方法。

◀ 准备原料 ▶

主料┃豆芽 300 克

辅料┃姜 5 克，葱 5 克，油 25 克

调料┃盐 3 克，味精 2 克，米醋 10 克

◀ 技能训练 ▶

1. 将豆芽两头择去洗净。

2. 将葱、姜整理洗净，切成细丝。

3. 炒锅上火烧热，用油滑锅，放油、葱丝、姜丝、豆芽，用大火急速翻炒，再烹入米醋、盐、味精翻炒 15~20 秒即可。

◀ 拓展空间 ▶

用此法可制作炒嫩藕丝、炒嫩南瓜丝、炒土豆丝。

◀ 温馨提示 ▶

1. 先放醋，后放盐，其顺序不可颠倒，否则，成品的脆性会不够。

2. 可多练习炒白萝卜丝、莴笋丝，掌握烹制此类菜肴的成熟度。

3. 挑选豆芽时长短、粗细要尽量一致。

4. 课外多练习抛锅。

模块 7
煎

◀ 知识要点 ▶

1.煎：是用少量油遍布锅底，用小火慢慢加热，将原料两面煎至金黄，菜肴无汤无汁的一种烹调方法。煎可作为辅助烹饪方法，如煎烹、煎炸、煎焖、煎烧等。

2.排剁：是一种剁制原料的方法。两刀一上一下，从左到右、从右到左反复排剁，每剁一遍要翻动一次原料，直至将原料剁成细而均匀的泥蓉。

3.常用工具：煎制食品时，常用到文武刀、砧板、配菜碗、碟、调味盒、灶具、锅铲、漏勺、筷子等工具。

23
煎 煎猪肉饼

◀ 准备原料 ▶

主料 | 猪前腿肉 250 克，猪肥膘 50 克

辅料 | 鸡蛋 1 个，葱碎 5 克，姜末 5 克，蒜片 5 克，竹叶 5 张，油 50 克，生粉 10 克

调料 | 盐 3 克，味精 2 克，白糖 3 克，椒盐 2 克，料酒 10 克

◀ 技能训练 ▶

1. 将猪前腿肉及肥膘剁碎成肉泥备用。

2. 将肉泥放入碗中，加盐、味精、白糖、鸡蛋、料酒、姜末、葱碎入味，放入干生粉，搅拌上劲。

3. 用手挤肉丸 6 个约 50 克，再按扁成直径 6 厘米、厚 1.5 厘米的肉饼。

4. 炒锅上火烧热，用油滑锅避免粘锅。放油，下肉饼用中小火煎至两面微黄，铲出装盘。

5. 盘中垫上竹叶，配上香蒜片，撒上椒盐即可。

◀ 拓展空间 ▶

可用此法制作清煎鱼片、清煎虾饼、生煎鱼饼。

◀ 温馨提示 ▶

1. 搅拌猪肉馅时要顺着一个方向搅成胶体状，否则，影响起劲。

2. 挤肉丸时左右手要协调一致，使肉丸形状大小均匀。

3. 练习剁肉方法，肉碎应以半颗绿豆大小为宜。

4. 选择肥瘦适宜的猪肉，最好选猪的前腿肉。

5. 煎肉饼时要用中小火。

模块 8
贴

◆ 知识要点 ▶

1. 贴：一般是将两种以上的原料贴在一起，然后以少量油为传热介质，只煎单面，使原料成熟的一种烹调方法。

2. 常用工具：制作贴制食品时，常用到片刀、砧板、配菜碗、碟、调味盒、灶具、锅铲、锅盖、漏勺等工具。

24
贴 锅贴鸡片

准备原料

主料│净鸡脯肉 250 克，猪肥膘肉 200 克

辅料│香菜 20 克，鸡蛋黄 1 个，生粉 20 克，油 100 克

调料│盐 2 克，鸡精 1 克

技能训练

1. 将鸡脯肉用平刀法片成 0.3 厘米厚的片，再改刀成 6 厘米长、5 厘米宽的长方形片。

2. 将猪肥膘肉用水煮熟，改刀成 8 厘米长、5 厘米宽的长方形块，再用平刀法片成 0.3 厘米厚的片。

3. 在片好的鸡脯肉片和猪肥膘肉片中放入盐、味精、鸡蛋黄拌匀。将香菜洗净晾干。

4. 鸡脯肉片、猪肥膘片均匀地拍上一层生粉，将鸡脯肉片叠在猪肥膘片上。香菜叶蘸蛋黄液贴在鸡脯肉片上。

5. 炒锅上火烧热，用油滑锅。将原料入锅，猪肥膘片在下，煎至鸡脯肉片微黄，成熟后装盘即可。

拓展空间

可用此法制作锅贴鱼片、锅贴虾饼、锅贴鸽蛋。

温馨提示

1. 片肥膘较难，要多练习。练习时，可用白萝卜片、土豆片替代肥膘。

2. 片出的鸡片一定要稍大些，因为煎制时鸡片会收缩。

3. 通过练习煎荷包蛋来掌握火候。

4. 煎时注意调节火候，先用中火，煎至鸡片微黄后再改用小火，放少许水。煎时盖上锅盖易使原料成熟。

模块 9
塌

◆ 知识要点 ▶

1. 塌：是把加工成型的原料腌制、拍粉、拖蛋后，用少量油小火煎至原料两面金黄时再加入调味品和汤汁，用小火慢慢加热、吸干汤汁的一种烹调方法。

2. 常用工具：制作类菜品的常用工具是片刀、砧板、配菜碗、碟、调味盒、灶具、手勺、漏勺等。

25
塌 锅塌豆腐

主料｜老豆腐 500 克

辅料｜猪肉末 100 克，干虾仁 30 克，鸡蛋黄 1 个，高汤 100 克，葱段 5 克，
姜末 5 克，干辣椒段 5 克，葱花少许，生粉 30 克，油 100 克

调料｜盐 3 克，味精 2 克，白糖 2 克，料酒 5 克，生抽 5 克，蚝油 5 克

◀ 技能训练 ▶

1. 将豆腐切成长 8 厘米、宽 3 厘米、厚 1 厘米的长方块，放盐，腌基本味。

2. 炒锅上火烧热，用油滑锅，给豆腐块裹上一层蛋黄液，再拍上一层生粉，入锅用小火煎至两面金黄，倒出后沥油。

3. 炒锅留余油，依次下葱段、姜末、蒜蓉、干辣椒段、干虾仁煸炒出香味，再下猪肉末炒香。加入高汤、盐、味精、白糖、料酒，生抽、蚝油调味。

4. 放入豆腐，用中火收汁，勾浓芡，淋上尾油，铲出装盘。

5. 将锅内剩余肉末汁浇淋在豆腐块上，撒上葱花即可。

◀ 拓展空间 ▶

可用此法制作锅塌鸡片、锅塌猪里脊、锅塌鱼片。

◀ 温馨提示 ▶

1. 给豆腐拖蛋糊时要轻拿轻放，以保持豆腐形状完整。平时可多练习用手拿放豆腐。

2. 汤汁的量要适度，汤汁太少，影响回软度；汤汁太多，会影响口感。

3. 制作此道菜时应选择质优的水豆腐和干虾仁。

4. 可通过练习煎豆腐掌握火候。

模块 10
汆

◆ 知识要点 ▶

1. 汆：是指把主料加工成小块形状或丸子状，以沸汤或沸水为传热介质，用旺火速成的烹调方法。

2. 常用工具：汆制食品时，常用到斩刀、砧板、配菜碗、汤碗、调味盒、灶具、手勺、漏勺等工具。

26
汆 汆鱼圆

主料 | 净鱼肉 200 克、猪肥膘 30 克

辅料 | 鸡蛋清 25 克，清汤 500 克，香菜叶 5 克，淀粉 10 克

调料 | 盐 5 克，味精 2 克，胡椒粉 1 克，香油 5 克

◀ 技能训练 ▶

1. 将鱼肉和猪肥膘分别用刀背反复排剁成肉糜状，搅拌均匀。

2. 加入鸡蛋清、盐、味精、胡椒粉、淀粉、适量水调拌上劲。

3. 炒锅上火，放水烧沸，改用小火。

4. 将鱼肉挤成直径 1.5 厘米的丸子，逐个入锅汆 50 秒至熟，取出装入汤碗中。

5. 刷净锅，加入清汤 500 克，放入盐、味精，烧沸后，缓缓顺汤碗边倒入清汤，撒上香菜叶，淋上香油即可。

◀ 拓展空间 ▶

可用此法制作汆猪肉丸。

◀ 温馨提示 ▶

1. 用猪肉来练习直刀法中的排剁法。

2. 将清汤倒入碗中时，要从碗边倒入，动作要慢，否则，原料分布不均匀，会影响菜品的形态美。

3. 可根据地方特点加减调料，调制汤的口味。

4. 将鱼肉剁成肉糜后要搅拌成胶状。

模块 11
氽

1. 氽：是以液体为传热介质，将原料或经过调味的原料放入冷液体或温热的液体中，缓慢加热成熟的烹调方法。

2. 氽的种类：

（1）水氽：将经过调味的原料放入冷水或温热水中缓慢加热成熟的一种烹调方法。

（2）油氽：将原料放入冷油或温油中缓慢加热成熟的一种烹调方法。

3. 常用工具：氽制食品时，常用到片刀、砧板、配菜碗、碟、汤碗、调味盒、灶具、手勺、漏勺等工具。

27
水氽 水氽蟹黄蛋

◆ 烹调方法 ◆

本道菜用水氽的烹调方法来制作。水氽，是指将经过调味的原料放入冷水或温热水中缓慢加热成熟的一种烹调方法。

主料 | 鲢鱼泥 300 克

辅料 | 鸡蛋 1 个，蟹黄粉 20 克，咸蛋黄 30 克，葱段 5 克，姜汁水 5 克，
熟鸡油 10 克

调料 | 盐 6 克，味精 3 克，料酒 10 克

◀ 技能训练 ▶

1. 将鱼泥放盐、味精搅拌上劲，再分两次加水 100 克，再搅拌。加入
鸡蛋清、姜汁水、料酒拌匀上劲。

2. 将处理好的鱼茸装入空鸡蛋壳中，咸蛋黄加蟹黄粉拌匀后做成蛋黄
状，装入鸡蛋中做成蛋黄。

3. 入冷水锅中渐渐加热使之浮上水面即成熟。

◀ 拓展空间 ▶

可用此法制作氽鸡圆、氽猪肉圆。

◀ 温馨提示 ▶

1. 搅拌鱼泥时应顺着一个方向搅，以确保起劲。

2. 汆制鱼圆时要用小火，温度控制在 60℃左右。

3. 可用猪肉练习剁肉泥，练习肉圆的挤制成型手法。

4. 可根据各地习惯加减调味品，调配汤汁口味。

28
油汆 透明纸包鸡

烹调方法

本道菜用油汆的烹调方法来制作。油汆，是指将原料放入冷油或温油中缓慢加热成熟的一种烹调方法。

准备原料

主料 | 鸡脯肉 200 克，火腿 15 克，水发香菇 25 克

辅料 | 葱 5 克，姜末 5 克，淀粉 5 克，玻璃纸 20 张，油 1000 克

调料 | 盐 4 克，味精 2 克，香油 5 克

技能训练

1. 将鸡脯肉洗净，切成长 5 厘米、宽 2 厘米、厚 0.4 厘米的块状。放盐、味精、葱、姜末、香油、淀粉、少量水拌匀腌制 10 分钟。

2. 将火腿、水发香菇切成长 4 厘米、宽 2 厘米的薄片。

3. 将玻璃纸平放在砧板上，抹油，再放鸡肉块，在鸡肉上面放一片香菇，在香菇上放一片火腿，再叠包成长 5 厘米、宽 2.5 厘米的长方块。

4. 炒锅上火，放油烧至两三成热时，将纸包鸡入油锅浸炸 50~80 秒，原料浮在油面时即熟，捞出沥油。

5. 整齐装盘即可。

可用此法制作油浸鲜鱼、油氽花生米、油浸芙蓉鱼片。

◀ 温馨提示 ▶

1. 注意抹油时只需在放鸡块的位置上抹油即可，否则会包裹不紧。

2. 包裹鸡块时，一定要将封口掐紧，确保鸡块入油锅后不散。

3. 炸制时间不能太长，否则，肉质会变老。

4. 可多用白纸练习叠包长方块。

5. 注意控制油温，油温过热易使成品外焦里不熟。

模块 12

烩

知识要点

1. 烩：是将多种半熟或全熟的小型原料加适量的汤汁，用中火加热成熟，制成半汤半菜的一种烹调方法。

2. 常用工具：烩制菜品的常用工具有片刀、砧板、配菜碗、汤盘、调味盒、灶具、手勺、漏勺等。

29
烩 五彩素烩

◂ 准备原料 ▸

主料 | 去皮莴笋 50 克，冬笋 50 克，胡萝卜 50 克，水发冬菇 50 克，
鲜蘑菇 50 克

辅料 | 鲜汤 75 克，淀粉 10 克，油 10 克

调料 | 盐 4 克，味精 2 克

◂ 技能训练 ▸

1. 整理莴笋、冬笋、胡萝卜，各削成十几个直径 1.5 厘米、厚约 1 厘米的扁球状，分别焯水，用漏勺沥净水分。

2. 给鲜蘑菇去柄，在面上刻十字，将冬菇去柄洗净，分别焯水 15 秒后用漏勺捞出。

3. 炒锅上火，加鲜汤用中火烧沸，加入盐、味精，倒入已焯水的原料，加热 3~5 分钟，待原料入味后用淀粉勾薄芡即可。

◂ 拓展空间 ▸

可用此法制作烩四宝，即烩鸡肝、鸡胗、鸡心、鸡胰脏。

◂ 温馨提示 ▸

1. 将原料削成球状很难掌握，课后要多用白萝卜、胡萝卜练习。

2. 勾薄芡时，一定要先用少量清水将淀粉调匀，再放入汤汁中。

3. 半汤半菜的成品，要把握好汤汁的量。

4. 勾薄芡较难掌握，可单独进行练习。

模块 13

煮

◆知识要点◆

1.煮：是将原料放入多量的鲜汤或清水中，用旺火煮沸，再改用中火或小火加热，使原料成熟的一种烹调方法。

2.常用工具：煮制菜品的常用工具有片刀、砧板、配菜碗、汤碗、调味盒、灶具、手勺、漏勺等。

30
煮 水煮牛肉

◀ 准备原料 ▶

主料｜牛肉 250 克，生菜 30 克

辅料｜小苏打 2 克，葱 5 克，姜 5 克，香菜少许，蒜蓉 5 克，干红辣椒段 3 克，红辣椒粉 3 克，胡椒粉 3 克，生花椒 5 克，干花椒 3 克，鸡蛋清 1 个，生粉 10 克，骨汤适量

调料｜盐 2 克，味精 3 克，白糖 2 克，郫县豆瓣酱 15 克，生抽 5 克，辣椒油 10 克，花椒油 10 克

◀ 技能训练 ▶

1. 将牛肉洗净，沿纵向纹路切成长 6 厘米、宽 3 厘米、厚 0.3 厘米的薄片。

2. 整理生菜，洗净，切成长 8 厘米的段。

3. 整理葱、姜、蒜，洗净切碎。剁碎豆瓣酱。

4. 在牛肉片中依次放入盐、味精、小苏打水、鸡蛋清、生粉水，搅拌、拍打至滑嫩。

5. 炒锅放水上火烧沸，放油，投入生菜焯水至断生，取出装盘。

6. 炒锅上火，油温烧至四成热，下牛肉片，滑熟，倒出备用。

7. 锅内留余油，放入整理后的葱、姜、蒜、豆瓣酱，以及干红辣椒段和干花椒，炒出香味。加入骨汤、盐、味精、白糖、生抽调味，再放入牛肉片烧沸勾薄芡，淋在垫有生菜的盛器中。

8. 肉片上撒蒜蓉、葱花、红辣椒粉、生花椒，淋八成热的油爆香，再撒上胡椒粉、香菜即可。

◀ 拓展空间 ▶

可用此法制作水煮猪肉片、水煮鳝鱼片、水煮干丝。

◆温馨提示◆

1. 要掌握好水煮牛肉的时间，时间过长，牛肉会不滑嫩。

2. 一定要将豆瓣酱炒出香味出红油，以保证口味浓厚。

3. 往牛肉里放入小苏打后一定要拌匀，否则，会影响口味。

4. 多用面团练习切片、切丝。

模块 14
炖

◀ 知识要点 ▶

1. 炖：是以鲜汤或清水为传热介质，将生料用大火烧开，再改用小火持续加热，至原料酥烂而汤清醇厚的一种烹调方法。

2. 其他刀法：切制菜品原料的其他刀法有削、剔、刮、拍、撬、剜、剐、铲、敲、抹等。

3. 拍：是指刀身横平，猛击原料，使之松裂。

4. 常用工具：炖制食品时，常用到斩刀、砧板、配菜碗、陶罐（砂锅）、调味盒、灶具、手勺、漏勺等工具。

31
炖 清炖羊肉

◀ 准备原料 ▶

主料 | 羊肉 250 克

辅料 | 鲜汤 750 克

调料 | 姜 10 克，花椒 1 克，料酒 10 克，盐 4 克，味精 2 克，
胡椒粉 0.5 克

技能训练

1. 将羊肉切成长 2 厘米、宽 1 厘米、厚 1 厘米的长方块，把姜拍松。

2. 用开水焯透羊肉后，洗净沥干水分。

3. 砂锅上火，放入羊肉，烧沸后改用小火，放姜块、花椒、料酒后炖一个半小时至羊肉酥烂时，再放盐、味精，略炖片刻，捞出羊肉放入汤碗内，将汤滤一下，倒入汤碗内加点胡椒粉即可。

拓展空间

可用此法制作清炖牛腩、清炖鸡、清炖鸭。

温馨提示

1. 给原料焯水时，一定要焯够时间，以去除腥膻味。

2. 要控制好炖制的火候，一定要先用大火烧沸，再改用小火慢炖，以确保汤汁清醇。

3. 原料与汤的比例一般为 1∶3。

模块 15
焖

◆ 知识要点 ▶

1. 焖：是先将原料经过初步处理后，加入调味品和汤汁用旺火烧沸，再加盖用小火长时间加热成熟的一种烹调方法。

2. 常用工具：焖制食品时，常用到文武刀、砧板、配菜碗、碟、调味盒、灶具、手勺、漏勺等工具。

32
焖 板栗焖鸡块

主料┃光鸡 300 克，去壳熟板栗 100 克

辅料┃葱段 10 克，姜片 10 克，鲜汤 300 克，油 50 克

调料┃盐 2 克，味精 1 克，白糖 2 克，料酒 10 克

◀ 技能训练 ▶

1. 将光鸡洗净，斩成 3 厘米见方的块状，放盐、料酒拌匀。

2. 炒锅上火，放油烧至五成热时，下鸡块炸 20 秒至淡黄色，放入板栗炸片刻，倒出沥油。

3. 锅内留余油，下葱段、姜片煸香。加入鸡块、板栗、鲜汤、料酒、盐、白糖、味精，用中火烧开，去净浮沫，改用小火加盖焖 12~15 分钟至鸡块熟透，取出鸡块装入盘中间，再将板栗围放在鸡块周围。

4. 将锅中余汤上火烧稠，浇于鸡块和板栗上即可。

◀ 拓展空间 ▶

可用此法制作黄焖猪五花肉、干锅鸭。

◀ 温馨提示 ▶

1. 给鸡肉过油时要注意鸡肉色泽的变化，以淡黄色为最好。

2. 焖制的时间以保证入味为宜。

3. 焖制时，原料与水的比例一般为 1∶1。

模块 16
煨

◀ 知识要点 ▶

1.煨：是将质地较老的原料，加入调味品和汤汁，用小火长时间加热，并使原料成熟的一种烹调方法。

2.常用工具：煨制食品时，常用到文武刀、砧板、配菜碗、汤盘、调味盒、灶具、手勺、漏勺等工具。

33
煨 茄汁煨牛肉

主料 | 牛肋条肉 400 克

辅料 | 葱段 10 克，姜块 10 克，鲜汤 10 克，花生油 500 克

调料 | 盐 3 克，白糖 3 克，料酒 10 克，番茄酱 50 克

◂ **技能训练** ▸

1. 把姜块拍松备用。将牛肋条肉切成 3 厘米见方的块，放入锅中焯水，捞出洗净。

2. 炒锅上火，放油烧至五成热时，将牛肉放入锅中炸 50 秒至表皮紧缩，捞出沥油。

3. 锅内留余油，放入番茄酱炒出香味，缓缓加入鲜汤，并用手勺搅至无番茄酱块为止。放入牛肉，用小火加热，中途加入葱段、姜片、料酒，继续用微火煨 1.5 小时至牛肉酥烂，再加盐、白糖至入味即可。

◂ **拓展空间** ▸

可用此法制作煨羊肉。

◂ **温馨提示** ▸

1. 炸制牛肉时一定要炸至牛肉表皮紧缩，否则，会影响酥松度。

2. 炒番茄酱时要炒出香味且要搅碎、搅匀，可单独多练习。

3. 可用白萝卜进行切块练习。

模块 17
烤

◀ **知识要点** ▶

1.烤，是将生料腌制或加工成半熟制品后，用柴、炭、煤气等为燃料，利用辐射热能或放入电烤箱把原料直接烤熟的一种烹调方法。

2.工具设备：烤制食品时，常用到片刀、砧板、配菜碗、碟、调味盒、灶具、电烤箱、烤炉等工具设备。

34
(烤) **烤鸡翅**

主料 | 鸡中翅 12 只 750 克

辅料 | 葱 5 克，姜 5 克，油 30 克

调料 | 盐 4 克，味精 1 克，生抽 5 克，孜然粉 5 克，辣椒粉 5 克，料
酒 10 克

◀ 技能训练 ▶

1. 将鸡中翅整理洗净沥干水分，放盐、味精、葱、姜、生抽、料酒腌制 30 分钟左右，扦入竹签备用。

2. 升火烧炭，将鸡中翅用小火烤 15 分钟左右至成熟，再用大火烤至表皮金黄酥脆，最后撒上孜然粉、辣椒粉装盘即可。

◀ 拓展空间 ▶

可用此法制作烤鱼尾、烤羊脚、烤猪脚。

◀ 温馨提示 ▶

1. 多练习腌制鸡翅，掌握好腌制的时间和腌制品的咸淡。

2. 烤制时要控制好原料与火的距离，保证食材不被烤焦，受热均匀。

3. 烤制过程中给鸡中翅表皮刷油，能使其受热更均匀、口感更酥脆。

模块 18
烧

◀ 知识要点 ▶

1.烧：是将经过初步熟处理的原料加入适量汤、水和调味品，用旺火烧开，中小火烧透入味，最后用旺火收浓汤汁的一种烹调方法。

2.烧的种类：

（1）红烧：是将经过初步熟处理后的原料放入锅中，投入有色调味料和汤水，经加热使菜肴达到鲜嫩、肥厚的要求。

（2）白烧：其制作方法与红烧相似，只是不放有色调味料。

3.常用工具：烧制食品时，常用到斩刀、砧板、配菜碗、碟、调味盒、灶具、手勺、漏勺等工具。

35
烧 甜酒干烧鱼

◀ 准备原料 ▶

主料｜罗非鱼 1 条

辅料｜甜酒 100 克，肥肉丁 50 克，香菇丁 10 克，干红辣椒段 5 克，姜、葱、蒜各 5 克，大葱丝 5 克，生粉 20 克，油 50 克

调料｜豆瓣酱 50 克，番茄酱 5 克，盐 3 克，白糖 10 克，味精 2 克，生抽 3 克，蚝油 5 克，料酒 15 克

◀ 技能训练 ▶

1. 将罗非鱼宰杀洗净，在鱼背部两边划上十字花刀，腌基本味待用。

2. 将姜、葱、蒜剁成蓉待用。

3. 锅中放油，烧至七成热。给罗非鱼蘸上干生粉后放入油锅，中途翻一次身，炸至金黄色后取出待用。

4. 锅中留油，下肥肉丁，用小火炒至微黄出油后，下将姜、葱、蒜蓉，以及干红辣椒段、豆瓣酱、香菇丁、半份甜酒爆香，再加入两手勺水。放盐、白糖、味精、生抽、蚝油调制成烧汁，放入炸好的罗非鱼烧至醇香入味，出锅装盘。

5. 将鱼取出，放入另一半甜酒烧沸后勾浓芡淋于鱼上。

6. 撒上大葱丝，装饰装盘。

◀ 拓展空间 ▶

可用此法制作烧鱼块、烧鸡翅、烧猪脚。

◀ 温馨提示 ▶

1. 烧制时必须转动炒锅，以保证汁的浓稠度适宜。

2. 晃动锅，使每块原料都翻身，以充分、均匀地吸收卤汁。

3. 烧制的火候应该是先大火、中火，再小火，最后大火。

4. 放入甜酒后只能一次性加足水，多次加水会让甜酒米粒发黑。

模块 19
扒

1. 扒：是将经过初步熟处理的原料，整齐码入锅中，加汤和调味料，大火烧沸，中小火烧透入味，旺火勾芡的一种烹调方法。

2. 勾芡的作用：勾芡的作用是增加菜肴汤汁的黏性和浓度，保持菜肴香脆、滑嫩，使汤、菜融合，主料突出，菜肴形状美观，色泽鲜明，并对菜肴起到保温作用，增加菜肴的营养成分。

3. 常用工具：制作扒类食品时常用到片刀、砧板、配菜碗、碟、调味盒、灶具、手勺、漏勺等工具。

36
扒 香菇扒菜心

准备原料

主料 | 上海青白菜 6 棵（500 克），水发香菇 150 克

辅料 | 姜片 3 克，蒜片 3 克，蒜蓉 5 克，淀粉 10 克，鲜汤 20 克，油 20 克

调料 | 盐 2 克，味精 1 克，蚝油 10 克，鸡汁 5 克

◀ 技能训练 ▶

1. 将上海青白菜一分为四，将菜叶整理好。给香菇去柄，根据其大小改刀成两瓣或四瓣。

2. 炒锅上火，放水烧沸，下菜心焯至水再次沸腾，下尾油后倒出，用冷水冲凉备用。接下来将水再次烧沸，下香菇烧沸煮 2 分钟左右，倒出备用。

3. 炒锅上火，放油、蒜蓉，把菜心整齐码放在锅内，放入鲜汤、盐、味精，用大火煮沸 8~10 秒后淋尾油勾薄芡出锅装盘。

4. 锅内放油，下姜片、蒜片炒香，放鲜汤、盐、味精、蚝油、香菇，用小火煮 3 分钟左右后勾厚芡，扒盖在菜心上即可。

◀ 拓展空间 ▶

可用此法制作扒青鱼尾。

◀ 温馨提示 ▶

1. 整理青菜时应保证青菜完整美观。

2. 掌握原料大翻身的基本技能较难，要多练习，以保证原料整齐。

3. 给菜心焯水后要用冷水冲透，以保证其色泽不变、脆性好。

4. 应掌握菜肴厚薄勾芡的不同用法，切不可颠倒顺次。

模块 20
蒸

◆知识要点▶

1. 蒸：是以蒸汽为传热介质，将经过调味的原料加热成熟或酥烂入味的一种烹调方法。

2. 常用工具：蒸制食品常用到片刀、砧板、配菜碗、腰碟、调味盒、灶具、蒸笼、手勺、漏勺等工具。

37
蒸 珍珠肉丸

主料｜猪肉 250 克，糯米 250 克，马蹄 20 克，香菇 20 克

辅料｜葱末 5 克，姜末 5 克，鸡蛋 1 个，生粉 15 克，油 5 克

调料｜盐 5 克，味精 3 克

◀ 技能训练 ▶

1. 将糯米提前用水泡好（泡 5 小时以上），沥干水分。

2. 将猪肉剁成肉末，加盐、味精、葱末、姜末、马蹄、香菇、生粉、鸡蛋，然后朝一个方向搅拌，打上劲。

3. 将拌好的肉馅抓在手心，用虎口挤出球形，再用勺子将肉团舀下，做成肉丸，放在沥干的糯米上。

4. 轻推肉丸，使其均匀裹上糯米。

5. 将做好的丸子摆上蒸锅，上汽后大火蒸 20 分钟左右，最后撒上葱花。

◀ 拓展空间 ▶

可用此法制作清蒸鸡、豆豉蒸排骨。

◀ 温馨提示 ▶

1. 一定要将糯米提前用水泡好，沥干水分。

2. 蒸的时间不能太长，否则肉质太老会影响口感。可通过蒸肉饼练习把握蒸制时间。

3. 可用鱼肉练习打胶、上劲。

4. 根据原料的品种和地方习惯进行调味。

模块 21
盐焗

◆ 知识要点 ▶

1. 盐焗：是将经腌制入味的原料包裹后埋入灼热的盐粒中，将原料焖熟的一种烹调方法。

2. 卤汁的调制：调制卤汁时，一般是将盐、生抽、味精、白糖、鲜汤、胡椒粉等调料均匀地调和在一起，并根据各地习惯增减调料分量和品种。

3. 常用工具：盐焗菜品常用到文武刀、砧板、配菜碗、碟、调味盒、灶具、粗盐、手勺、漏勺等工具。

38
盐焗 盐焗鸡

◆ 准备原料 ▶

主料 | 净光鸡 1 只 650 克，粗盐 4000 克

辅料 | 葱段 20 克，姜片 20 克，姜、葱末各 10 克，鲜汤，花生油 25 克，宣纸 2 张

调料 | 汾酒 30 克，盐 4 克，八角 2 粒，味精、白糖、生抽、胡椒粉适量

◀ 技能训练 ▶

1. 将鸡洗净，用沸水焯 20 秒左右。

2. 用盐、汾酒、葱段、姜片、八角腌制鸡 30 分钟。

3. 将腌制所用调料一一放入鸡腹内。

4. 用宣纸分两层将鸡包裹起来，备用。

5. 炒锅上火，大火炒粗盐 15 分钟。

6. 将包好的鸡放入灼热的盐粒里，焗制 20 分钟，中途翻动一次。

7. 用葱末、花生油、味精、白糖、生抽、胡椒粉、鲜汤调成卤汁备用。

8. 去掉外表宣纸，将熟鸡装盘，配上卤汁即可。

◀ 拓展空间 ▶

可用此法制作盐焗虾、盐焗鹌鹑。

◀ 温馨提示 ▶

1. 炒制盐时要用大火，时间要够，保证盐温为 150~200℃。

2. 加强练习熟鸡斩件，保证熟鸡整齐。

3. 用宣纸包裹鸡时要紧实，可用细绳捆绑一下。

模块 22

涮

◆ **知识要点** ◆

1. 涮：是以沸汤为传热介质，在特殊烹调器具中，由食者自烹自食的特殊烹调方法。

2. 制作鲜汤：鲜汤是用焯过水的动物性原料和煸炒过的植物性原料放入清水锅中煮制而成。

3. 鲜汤的种类：

（1）奶汤：又称白汤，一般用鸡、猪骨骼为原料放入水锅中，大火烧开，撇去汤面上的浮沫，中火煮制，至汤色乳白时即成。

（2）清汤：将老母鸡放入冷水锅中焯水，去掉血污，再用清水洗净，然后在锅内加入清水，放入老母鸡，用大火烧开水，改用微火长时间加热，使汤汁清澈。

（3）素汤：将豆芽煸炒至八成熟，加入沸水，用大火烧开，加入姜，中火煮制而成。

4. 常用工具：涮制食品的常用工具有片刀、砧板、配菜碗、碟、调味盒、灶具、汤锅、手勺、漏勺等。

39
涮 **涮羊肉**

◀ 准备原料 ▶

主料 | 羊肉 750 克，白菜头 250 克，水发粉丝 250 克

辅料 | 香菜末 50 克，葱花 50 克，糖蒜适量，鲜汤 1500 克

调料 | 芝麻酱 100 克，料酒 10 克，豆腐乳 1 块，腌韭菜花 50 克，
生抽 50 克，辣椒油 50 克，米醋 50 克

◀ 技能训练 ▶

1. 选用质地较嫩的羊肉，去其筋膜，放入冰库内冻结成块。

2. 将白菜头、水发粉丝分别装盘待用。

3. 取出羊肉，切成长 8 厘米、宽 5 厘米、厚 0.1 厘米的薄片，摆放在盘中。

4. 将加工后的料酒、豆腐乳、腌韭菜花、生抽、辣椒油、米醋、香菜末、葱花等调料盛放在小汤碗中，将芝麻酱、糖蒜盛放在另一个小碗中备用。

5.烧开鲜汤，先将少量肉片夹入汤中抖散，当肉片变成灰白色时即可捞出，蘸食调料。

◀ 拓展空间 ▶

可用此法制作三鲜火锅、麻辣火锅、鱼片火锅。

◀ 温馨提示 ▶

1.羊肉冷冻适度，以容易切制为宜。

2.给羊肉切片要薄、匀、齐。

3.可将原料摆成圆形或馒头状。

4.鲜汤内可另外加海味和鲜菇，以增加鲜味。

第二篇 甜菜的烹调方法

模块 23
拔丝

◆ 知识要点 ▶

1. 拔丝：是将经过油炸的小型原料，挂上熬制好的糖浆的一种烹调方法。拔丝菜品的特点是装盘迅速，食用时能拔出糖丝。

2. 拔丝的常见方法：拔丝的常见方法有水拔、油拔、水油混合拔。

（1）水拔：是水加糖熬制而成。

（2）油拔：是油加糖熬制而成。

（3）水油混合拔：是水油混合加糖熬制而成。

3. 常用工具：制作拔丝菜品的常用工具有文武刀、砧板、配菜碗、碟、调味盒、灶具、手勺、漏勺等。

40
拔丝 拔丝苹果

◆ 准备原料 ▶

主料 | 苹果 300 克

辅料 | 鸡蛋 1 个，淀粉 50 克，面粉 50 克，泡打粉 50 克，熟芝麻 15 克，油 1000 克

调料 | 白糖 200 克

◀ 技能训练 ▶

1. 调制脆皮浆：将面粉、淀粉、泡打粉、油、水调成脆皮浆。

2. 苹果去皮，洗净，切成长 3 厘米的方块，裹上脆皮浆，入五成热的油锅炸至金黄色捞出。

3. 将锅洗净烧热，放少许油抹底，再放少许水，投入白糖煮成糖浆状（辨别方法：用手勺舀起糖浆时，糖浆能成一条细线往下滴；也可观察糖浆的气泡大小，当大气泡变成小气泡，糖浆颜色微黄时），立即投入炸好的苹果，迅速裹匀糖浆，并撒上熟芝麻。

4. 将苹果装入抹了油或糖的碟里，另跟一碗凉开水即可。

◀ 拓展空间 ▶

可用此法制作拔丝芋头、拔丝香蕉、拔丝莲子、拔丝马蹄。

◀ 温馨提示 ▶

1. 熬制糖浆较难，要多练习。

2. 上菜品时，一定要配凉开水蘸食，以免被烫伤。

3. 挂糊时要注意糊的稠度，以将原料全部包裹为宜。

4. 注意将糖熬至浅黄色且有黏性。

模块 24
蜜汁

◆ 知识要点 ◆

　　1. 蜜汁：是将原料放入含有蜂蜜的糖浆水中加热至酥烂，或将原料取出，将糖浆熬浓浇在原料上的一种烹调方法。

　　2. 常用工具：制作蜜汁食品的常用工具有片刀、砧板、配菜碗、碟、调味盒、灶具、手勺、漏勺等。

41
蜜汁 御膳金瓜

主料 | 红薯 350 克

辅料 | 油 20 克，水 150 克

调料 | 白糖 100 克，蜂蜜 20 克

◀ 技能训练 ▶

1. 把红薯去皮，切成 3 厘米见方的菱形。

2. 炒锅上火烧热，用油滑锅后，放油，加糖熬化至浅黄色。

3. 锅内加水，加入蜂蜜再熬制，待将糖水熬至有香味透出时，放入红薯拌匀至熟透，出锅装盘。

◀ 拓展空间 ▶

可用此法制作蜜汁雪梨、蜜汁桃。

◀ 温馨提示 ▶

1. 熬糖较难，要多练习。熬制时，注意把握糖汁颜色浅黄、糖分降低、香味加大的特点。

2. 煮制红薯时动作要轻，以免把红薯弄碎。

3. 宜选用黄心红薯。

4. 原料的块状不能太小，以 3 厘米见方的菱形为宜。

模块 25
甜冻

1. 甜冻：是在原料中加入琼脂等凝固性原料，冷却后切块装碗（盆），再加入冷却后的糖开水的一种烹调方法。

2. 常用工具：制作甜冻食品的常用工具主要有小刀、砧板、调味盒、灶具、过滤网、不锈钢锅、不锈钢盆、手勺、搪瓷碗等。

42
甜冻 杏仁"豆腐"

主料｜甜杏仁 100 粒，苦杏仁 100 粒

辅料｜琼脂（鱼胶片）10 克，糖桂花 15 克，玫瑰花瓣 5 克，鲜牛奶 1000 克，水 6500 克

调料｜白糖 1500 克

◀ 技能训练 ▶

1. 往锅中放水约 1250 克，加入洗净的琼脂（鱼胶片）烧沸后改小火煮 15 分钟左右，使琼脂（鱼胶片）溶解。

2. 将两种杏仁用沸水浸透，去膜，捣碎，装入碗内。加水 250 克，反复捣成泥，用纱布过滤，取汁液和牛奶一起搅匀。

3. 将琼脂（鱼胶片）溶液倒入锅中，置于小火上，随即将牛奶和杏仁汁徐徐淋入锅中，充分搅匀，烧至约 90℃时速将混合溶液装在 10 只搪瓷碗内冷却凝结，即制成杏仁"豆腐"。加盖后放入冰箱冷藏待用。

4. 将白糖放入锅内，加水约 5000 克，用大火熬成糖水。撇去糖沫，冷却后用筛过滤，装入洁净的瓶内，放入冰箱冷藏待用。

5. 把糖水约 100 克倒在小碗内备用。

6. 取杏仁"豆腐"100 克，用小刀划切成长 2 厘米见方的块状，整齐地倒入糖水碗中，撒上玫瑰花瓣和糖桂花即可。

◀ 拓展空间 ▶

可用此法制作马蹄冻、莲藕冻。

◀ 温馨提示 ▶

1. 要尽量将杏仁捣碎成蓉。

2. 可用米豆腐进行划切练习。

3. 注意掌握水与琼脂（鱼胶片）、糖水与杏仁"豆腐"的比例。

4. 可在成品中点缀一些蜜饯。

模块 26
甜羹

◆ 知识要点 ▶

1. 甜羹：是将原料放入沸水加热成熟后，加入白糖，用淀粉勾芡，出锅装碗（盆）即成的一种烹调方法。

2. 常用工具：制作甜羹类菜肴时常用到片刀、砧板、配菜碗、汤碗、汤盆、调味盒、灶具、手勺、漏勺等工具。

43
甜羹 雪梨桃胶银耳羹

◀ 准备原料 ▶

主料｜干银耳 10 克，净雪梨 150 克，桃胶 10 克

调料｜白糖 300 克

◀ 技能训练 ▶

1. 将干银耳、桃胶用水泡发，加水约 300 克，上笼，用中火蒸 40 分钟左右至柔糯。

2. 将雪梨去皮、去核，切成长 1.5 厘米、宽 1.5 厘米、厚 0.2 厘米的薄片待用。

3. 砂锅上火，放水约 800 克，加白糖，用小火略煮，使糖溶解。撇去浮沫，放入银耳、桃胶、雪梨煮 60 分钟左右至汁浓稠即可。

◀ 拓展空间 ▶

可用此法制作芋蓉羹、莲子羹、薏米羹。

◀ 温馨提示 ▶

1. 银耳涨发要充分。

2. 强化调制糖水的练习。

3. 选择新鲜无虫、无农药的雪梨。

4. 煮制糖水时，注意控制好水与白糖的比例。

5. 勾芡量要适当。

模块 27

蜜蒸

1. 蜜蒸：是将原料整齐地排放在碗中，加入糖、蜂蜜后上笼蒸至酥烂，滗糖水，扣入盘中，将蒸滗出的糖水放入锅中熬浓，浇在原料上的一种烹调方法。

2. 常用工具：蜜蒸菜肴的常用工具有文武刀、砧板、配菜碗、碟、调味盒、灶具、汤锅、手勺、漏勺等。

44

蜜蒸 蜜饯鲜桃

准备原料

主料 | 蜜桃 1000 克

辅料 | 金糕 25 克，淀粉

调料 | 白糖 120 克，蜂蜜 50 克，桂花酱少许

技能训练

1. 将桃上的毛刷掉，剖成两瓣儿，抠去核，放入开水锅中稍烫，捞出，入冷水 6~8 分钟。

2. 将桃捞出，剥去皮，再用清水冲净。

3. 将金糕切成 0.3 厘米见方的小丁。

4. 在碗底撒上 15 克白糖，将桃面朝下排入碗中，再撒上 35 克的白糖，然后上笼用大汽蒸 10~15 分钟。取出桃，滗去汤，将桃扣入盘中。

5. 炒锅上火，放清水 50 克，加入余下的 70 克白糖及蜂蜜 50 克，用手勺搅动熬化，开锅撇去浮沫。

6. 熬浓收汁，加入桂花酱搅匀，再用淀粉勾成琉璃芡浇在桃瓣儿上，撒上金糕丁即可。

拓展空间

可用此法制作蜜饯梨、蜜饯马蹄、蜜饯莲藕、蜜饯百合等。

温馨提示

1. 要将桃表面的毛去净，并将桃肉拼摆整齐。

2. 注意把握勾芡的浓稀程度，芡汁过稀，原料表面会没有光泽；芡汁过浓，会影响原料的层次感。

3. 可用花生、核桃练习原料去皮。

后 记

在本套教材的开发中，我们抓住职业教育就是就业教育的特点，强调对专业技能的训练，突出对职业素质的培养，以满足专业岗位对职业能力的需求。为便于教与学，我们将整套教材定位在教与学的指导上，意在降低教学成本，更重要的是让学生通过教与学的提示，明了学习的重点、难点，掌握有效的学习方法，从而成为自主学习的主体。

《热菜制作》第1版教材由桂林市旅游职业中等专业学校朱海刚、李惠民、蒋廷杰、秦嵩在2008年首版《热菜制作教与学》的基础上修改编写，文中示例菜品由朱海刚、秦嵩共同制作并设计拍摄。

《热菜制作》第2版教材由朱海刚、苏月才、蒋廷杰、秦嵩在第1版基础上修改编写。本版根据中餐热菜制作常用烹调方法，精选了银芽鸡丝、干炸里脊、蒜爆腰花、水浸鲜鱼、锅贴鸡片、香菇扒菜心共6个典型菜品，拍摄制作了6个教学微视频，内容涉及切配粗加工、烹调制作及装盘点缀。

本教材需200课时（含拓展空间部分灵活把握的86课时），供2年使用，教材使用者可根据需要和地方特色增减课时。

由一线教师编著的教材实用性强，加之与市场接轨和向行业专家讨教，使本教材具有鲜明的时代特点。本教材既可作为烹饪专业学生的专业教材，也可作为烹饪培训班教材。

教材的编写是一个不断完善的过程，恭请各位专家对本教材批评指正。

作　者

《热菜制作》第 2 版
二维码资源

  《热菜制作》是"十三五"职业教育国家规划教材，为中等职业教育餐饮类专业核心课程教材，其以"篇"布局，围绕中餐热菜常用烹调方法和甜菜烹调方法，介绍了炒、炸、爆、熘、烹、煎、贴、塌、煮、烧、扒、拔丝、蜜汁等 26 种烹调方法及 44 道代表菜的制作过程。

总码

PDF·配套教学资源

1. 书中彩图在线欣赏   2. 中文菜名英文译法

3. 公共服务领域餐饮英文译写规范

MP4 · 《跟我学热菜制作》微视频

　　本视频是"'十三五'职业教育国家规划教材"《热菜制作》的配套教学资源。视频根据中餐岗位实操需要，选择典型工作任务拍摄制作了 6 个教学微视频，内容涉及用炒、炸、爆、熘、贴、扒 6 种中餐烹调方法制作的 6 道中餐热菜。通过观看教学微视频，能够更直观地把教学重点和难点讲解到位，提高学生对专业知识的理解能力和动手能力，以便全面系统地掌握中餐热菜的制作要领。

1. 银芽鸡丝	2. 干炸里脊
3. 蒜爆腰花	4. 水浸鲜鱼
5. 锅贴鸡片	6. 扒香菇菜心